机电一体化技术专业及专业群教材

单片机原理与应用

主　编　朱琼玲
副主编　唐　波　向　武

重庆大学出版社

内容提要

本教材主要以煤矿瓦斯报警器为载体,通过对煤矿瓦斯报警器各个部分的学习,使学生对单片机系统有一个整体的了解。将煤矿瓦斯报警器分解成了6个情境:单片机的硬件结构、单片机的基本指令和编程、单片机的定时器和中断系统、单片机的系统扩展、单片机的接口电路、单片机应用系统的设计与开发。

本教材是矿山机电专业的核心课程之一,可作为矿山机电设备维修维护从业人员及煤矿机电技术工人的培训教材。

图书在版编目(CIP)数据

单片机原理与应用/朱琼玲主编. —重庆:重庆

大学出版社,2010.4

(机电一体化技术专业及专业群教材)

ISBN 978-7-5624-5308-6

Ⅰ.①单… Ⅱ.①朱… Ⅲ.①单片微型计算机—高等

学校:技术学校—教材 Ⅳ.①TP368.1

中国版本图书馆 CIP 数据核字(2010)第 033486 号

机电一体化技术专业及专业群教材
单片机原理与应用

主 编 朱琼玲
副主编 唐 波 向 武
责任编辑:谭 敏 谭筱然 版式设计:谭 敏
责任校对:吴文静 责任印制:张 策

*

重庆大学出版社出版发行
出版人:张鸽盛
社址:重庆市沙坪坝正街 174 号重庆大学(A 区)内
邮编:400030
电话:(023) 65102378 65105781
传真:(023) 65103686 65105565
网址:http://www.cqup.com.cn
邮箱:fxk@cqup.com.cn(营销中心)
全国新华书店经销
重庆升光电力印务有限公司印刷

*

开本:787×1092 1/16 印张:13 字数:324 千
2010 年 4 月第 1 版 2010 年 4 月第 1 次印刷
印数:1—3 000
ISBN 978-7-5624-5308-6 定价:25.00 元

编 写 委 员 会

编委会主任 张亚杭

编委会副主任 李海燕

编委会委员 唐继红 黄福盛 吴再生 李天和 游普元 韩治华 陈光海 宁望辅 粟俊江 冯明伟 兰玲 庞成

序

　　本套系列教材,是重庆工程职业技术学院国家示范高职院校专业建设的系列成果之一。根据《教育部　财政部关于实施国家示范性高等职业院校建设计划　加快高等职业教育改革与发展的意见》(教高[2006]14号)和《教育部关于全面提高高等职业教育教学质量的若干意见》(教高[2006]16号)文件精神,重庆工程职业技术学院以专业建设大力推进"校企合作、工学结合"的人才培养模式改革,在重构以能力为本位的课程体系的基础上,配套建设了重点建设专业和专业群的系列教材。

　　本套系列教材主要包括重庆工程职业技术学院五个重点建设专业及专业群的核心课程教材,涵盖了煤矿开采技术、工程测量技术、机电一体化技术、建筑工程技术和计算机网络技术专业及专业群的最新改革成果。系列教材的主要特色是:与行业企业密切合作,制定了突出专业职业能力培养的课程标准,课程教材反映了行业新规范、新方法和新工艺;教材的编写打破了传统的学科体系教材编写模式,以工作过程为导向系统设计课程的内容,融"教、学、做"为一体,体现了高职教育"工学结合"的特色,对高职院校专业课程改革进行了有益尝试。

　　我们希望这套系列教材的出版,能够推动高职院校的课程改革,为高职专业建设工作作出我们的贡献。

重庆工程职业技术学院示范建设教材编写委员会

2009 年 10 月

前言

《单片机原理与应用》是一门重要的专业基础课,但是,学生普遍反映该课程难学,课堂教学效果一直不理想,原因主要有以下几个方面:一是软硬件介绍完全分割开,软硬件系统没有联系,使得学生在构建实际的单片机应用系统时缺乏系统化、整体性设计的思路;二是理论讲授过多,实验太少或者缺乏综合性、开发性实验,学生感觉枯燥,没有兴趣和成就感,创造性、主动性、协作精神及技术应用能力等都比较差;三是教学人员对单片机的教学指导思想不理解,重点把握不准。笔者经过近两年的反复探索发现,在《单片机原理与应用》课程教学中引入任务驱动教学法能够收到比较理想的效果。

在教学内容选取时,以职业能力培养为主线,立足煤矿自动化技术岗位。在重煤集团及周边地区煤矿企业中单片机技术应用情况进行了广泛的调研,与单片机内容相关的工作岗位很多,如:煤矿安全监测、皮带运输、煤矿高压开关和低压开关的智能保护、降压站和变电所综合自动化继电保护等智能监控岗位(群)。通过对这些岗位的分析,单片机技术应用在这些岗位中,涉及的深度和广度各异,而单片机在煤矿安全监测系统中的应用非常具有代表性,其地面中心站、井下分站、智能传感器均采用单片机技术。它涵盖了单片机技术应用岗位的典型工作任务,其智能传感器的多样化和分站式结构,特别适合于教学应用举例和内容的选取。并且,《单片机原理与应用》课程作为机电一体化技术专业的一门必修专业课程,机电一体化技术专业培养的是能够胜任工矿企业电气设备运行、维护与管理工作的高等技能型应用人才,而不是产品研发人员,在学习中应注重应用。

因此,确定将煤矿瓦斯报警器,作为《单片机原理与应用》课程教学的载体,将单片机的理论知识与煤矿安全监测系统中的单片机应用技术结合起来，对《单片机原理与应用》课程进行了教学内容的选取，以瓦斯传感器为例，围绕熟悉瓦斯传感器的整体结构，掌握信息的处理与转换原理、信息的传递、参数超限报警、单片机对接收信息的处理等知识与技能，共开发出6个学习任务。该书特别适合于高职学生学习，也适合于工程类人员对单片机的入门学习。

本教材由重庆工程职业技术学院朱琼玲担任主编，负责全书的统稿工作并编写了情境三、情境五；重庆工程职业技术学院唐波担任副主编，编写了情境一、情境二；情境四由重庆市科能高级技工学校孔庆文老师编写。感谢重庆工程职业技术学院教务处处长詹善兵教授对我们的支持。特别要感谢的是重庆煤炭科学研究院新产品开发所的总工程师向武，他对本书提出了大量的宝贵意见和建议，在百忙之中抽出时间对情境六进行了设置，并亲自参加了对学生课程和毕业设计的指导。

由于编者水平有限，书中错误或不当之处在所难免，敬请读者批评指正。如有赐教，请发至邮箱 zqlclc@sina.com。

编　者
2010 年 1 月

目 录

学习情境1　单片机的硬件结构 ·················· 1
　　任务一　单片机基本结构认识 ·············· 1
　　任务巩固 ········· 16
　　任务二　单片机的时种、时序、复位 ····· 16
　　任务巩固 ········· 20
　　实训　流水灯的制作 ·················· 21

学习情境2　单片机的软件知识(指令与编程) ·············· 24
　　任务一　MCS—51单片机指令认识 ···· 24
　　任务巩固 ········· 47
　　任务二　MCS—51单片机的汇编程序设计 ·········· 49
　　任务巩固 ········· 75
　　实训1　单片机开发系统及使用 ······ 76
　　实训2　指令的应用 ····· 77
　　实训3　信号灯的控制 ·················· 81

学习情境3　单片机的定时/计数器、中断系统和串行口
·················· 83
　　任务一　MCS—51单片机的定时/计数器 ·········· 83
　　任务巩固 ········· 95
　　任务二　MCS—51单片机的中断系统 ····· 95
　　任务巩固 ········· 113
　　任务三　MCS—51单片机的串行口 ····· 114
　　任务巩固 ········· 124
　　实训1　定时器的应用——信号灯的控制 ·········· 124
　　实训2　外部中断的应用——工业顺序控制 ········ 126

学习情境 4　单片机的系统扩展 ·················· 129

　　任务一　MCS—51 单片机的存储器扩展 ············· 129

　　任务巩固 ························· 139

　　任务二　MCS—51 单片机的并行 I/O 口扩展 ········ 139

　　任务巩固 ························· 146

　　实训　并行 I/O 口 8255 扩展 ················· 146

学习情境 5　单片机的接口电路 ·················· 150

　　任务一　MCS—51 单片机的键盘接口 ············· 150

　　任务巩固 ························· 154

　　任务二　MCS—51 单片机与显示器接口 ··········· 154

　　任务巩固 ························· 168

　　任务三　MCS—51 单片机的 D/A、A/D 转换电路的接口

　　　　　　··························· 168

　　任务巩固 ························· 176

　　实训 1　LED 显示的应用 ··················· 177

　　实训 2　简易秒表的制作 ··················· 179

　　实训 3　掌握 A/D 转换与单片机的接口方法 ········ 186

学习情境 6　课程设计 ······················ 188

　　任务　MCS—51 单片机应用系统设计方法 ········· 188

　　任务巩固 ························· 194

参考文献 ····························· 195

学习情境 **1**
单片机的硬件结构

任务一 单片机基本结构认识

> 知识点及目标:单片机是一个集 CPU、RAM/ROM、I/O 接口为一体的微型计算机,在自动控制系统中依靠程序命令 I/O 口去控制外设,应掌握单片机的基本组成及引脚。
>
> 能力点及目标:初步了解单片机内部资源状况。

 任务描述

单片机是一个集 CPU、RAM/ROM、I/O 接口为一体的微型计算机,在自动控制系统中依靠程序命令 I/O 口去控制外设,应掌握单片机的基本组成及引脚。

掌握单片机的工作条件及组成对单片机的应用是非常必要的。

 任务分析

单片机是一个以 CPU 为核心,通过执行存放在存储器里的命令(程序),通过单片机 I/O 信号线来控制外设。我们必须了解其各部分的功能。

 相关知识

教学要点:让学生对单片机的基本硬件系统有一个初步的认识,要求学生能够根据简单的现场需要组建单片机,并构成一个最小的应用系统。以流水灯的制作为例,模拟了瓦斯报警器信号指示灯的硬件组成。

要实现流水灯的制作,首先要了解单片机到底是一种什么器件,用来做什么?

双列直插式 AT89S51 单片机

一、概述

1. 微型计算机及微型计算机系统

微型计算机(Microcomputer)简称微机,是计算机的一个重要分类。人们通常按照计算机的体积、性能和应用范围等条件,将计算机分为巨型机、大型机、中型机、小型机和微型机等。微型计算机不但具有其他计算机快速、精确、程序控制等特点,最突出的是它还具有体积小、重量轻、功耗低、价格便宜等优点。个人计算机简称 PC(Personal Computer)机,是微型计算机中应用最为广泛的一种,也是近年来计算机领域中发展最快的一个分支。由于 PC 机在性能和价格方面适合个人使用和购买,目前,它已经深入到了家庭和社会生活的各个方面。

微型计算机系统由硬件系统和软件系统两大部分组成。硬件系统是指构成微机系统的实体和装置,通常由运算器、控制器、存储器、输入接口电路和输入设备、输出接口电路和输出设备等组成。其中,运算器和控制器一般做在一个集成芯片上,统称中央处理单元(Central Processing Unit),简称 CPU,是微机的核心部件。CPU 配上存放程序和数据的存储器、输入/输出(Input/Output,简称 I/O)接口电路以及外部设备即构成微机的硬件系统。

软件系统是微机系统所使用的各种程序的总称。人们通过它对整机进行控制并与微机系统进行信息交换,使微机按照人的意图完成预定的任务。

软件系统与硬件系统共同构成完整的微机系统,两者相辅相成,缺一不可。微型计算机系统组成示意图如图 1.1 所示。

下面将组成计算机的 5 个基本部件作一简单说明。

1)运算器

运算器是计算机的运算部件,用于实现算术和逻辑运算。计算机的数据运算和处理都在这里进行。

2)控制器

控制器是计算机的指挥控制部件,它控制计算机各部分自动、协调地工作。运算器和控制器是计算机的核心部分,通常把它们合在一起称之为中央处理器,简称 CPU。

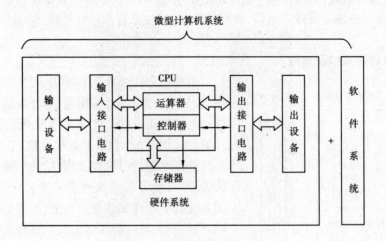

图 1.1　微机系统组成示意图

3）存储器

存储器是计算机的记忆部件，用于存放程序和数据。存储器又分为内存储器和外存储器。实训中使用的 EPROM2764 便是存储器。

4）输入设备

输入设备用于将程序和数据输入计算机中，如键盘等。

5）输出设备

输出设备用于把计算机数据计算或加工的结果，以用户需要的形式显示或打印出来，如显示器、打印机等。

通常把外存储器、输入设备和输出设备合在一起称之为计算机的外部设备，简称"外设"。

2. 单片微型计算机

单片微型计算机是指集成在一个芯片上的微型计算机，也就是把组成微型计算机的各种功能部件，包括 CPU（Central Processing Unit）、随机存取存储器 RAM（Random Access Memory）、只读存储器 ROM（Read-only Memory）、基本输入/输出（Input/Output）接口电路、定时器/计数器等部件都制作在一块集成芯片上，构成一个完整的微型计算机，从而实现微型计算机的基本功能。单片机内部结构示意图如图 1.2 所示。

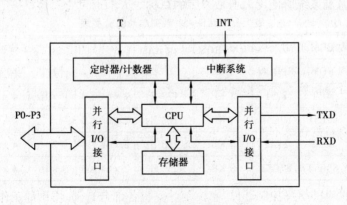

图 1.2　单片机内部结构示意图

单片机实质上就是一个芯片。在实际应用中,通常很难将单片机直接和被控对象进行电气连接,必须外加各种扩展接口电路、外部设备、被控对象等硬件和软件,才能构成一个单片机应用系统。

3. 单片机应用系统及组成

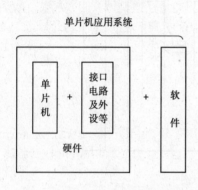

图 1.3 单片机应用系统的组成

单片机应用系统是以单片机为核心,配以输入、输出、显示、控制等外围电路和软件,能实现一种或多种功能的实用系统。本书的实训电路板也是一个单片机的应用系统,它除了有单片机芯片以外,还有许多的外围电路,如果再配以后续章节所讲的一系列的实训程序,便可以完成很多功能。所以说,单片机应用系统是由硬件和软件组成的,硬件是应用系统的基础,软件则在硬件的基础上对其资源进行合理调配和使用,从而完成应用系统所要求的任务,二者相互依赖,缺一不可。单片机应用系统的组成如图 1.3 所示。

由此可见,单片机应用系统的设计人员必须从硬件和软件两个角度来深入了解单片机,并能够将二者有机结合起来,才能形成具有特定功能的应用系统或整机产品。

自从 1974 年美国 Fairchild 公司研制出第一台单片机 F8 之后,迄今为止,单片机经历了由 4 位机到 8 位机再到 16 位机的发展过程。单片机制造商很多,主要有美国的 Intel、Motorola、Zilog 等公司。目前,单片机正向着高性能、多品种方向发展。近年来,32 位单片机已进入了实用阶段,但是由于 8 位单片机在性能价格比上占有优势,而且 8 位增强型单片机在速度和功能上向现在的 16 位单片机挑战,因此在未来相当长的时期内,8 位单片机仍是单片机的主流机型。

二、MCS—51 单片机系列

尽管各类单片机很多,但无论从世界范围或从全国范围来看,使用最为广泛的应属 MCS—51 单片机。基于这一事实,本书以应用最为广泛的 MCS—51 系列 8 位单片机(8031、8051、8751 等)为研究对象,介绍单片机的硬件结构、工作原理及应用系统的设计。

MCS—51 单片机系列共有十几种芯片,如表 1.1 所示。

表 1.1　MCS—51 系列单片机分类表

子系列	片内 ROM 形式			片内 ROM 容量	片内 RAM 容量	寻址范围	I/O 特性			中断源
	无	ROM	EPROM				计数口	并行口	串行口	
51 子系列	8031	8051	8751	4 KB	128 B	2 × 64 KB	2 × 16	4 × 8	1	5
	80C31	80C51	87C51	4 KB	128 B	2 × 64 KB		4 × 8	1	5
52 子系统	8032	8052	8752	8 KB	256 B	2 × 64 KB	3 × 16	4 × 8	1	6
	80C32	80C52	87C52	8 KB	256 B	2 × 64 KB	3 × 16	4 × 8	1	6

表 1.1 列出了 MCS—51 单片机系列的芯片型号,以及它们的技术性能指标,使我们对

MCS—51 单片机系列的基本情况有了一个概括的了解。下面就在这个表的基础上对 MCS—51 系列单片机作进一步说明。

1.51 子系列和 52 子系列

MCS—51 系列又分为 51 和 52 两个子系列,并以芯片型号的最末位数字作为标志。其中,51 子系列是基本型,而 52 子系列则属增强型。52 子系列功能增强的具体方面,从表 1.1 所列内容中可以看出:

(1)片内 ROM 从 4 KB 增加到 8 KB。

(2)片内 RAM 从 128 B 增加到 256 B。

(3)定时/计数器从 2 个增加到 3 个。

(4)中断源从 5 个增加到 6 个。

在 52 子系列的内部 ROM 中,以掩膜方式集成有 8 KBBASIC 解释程序,这就是通常所说的 8052-BASIC。这意味着单片机已可以使用高级语言。该 BASIC 与基本 BASIC 相比,增加了一些控制语句,以满足单片机作为控制机的需要。

2. 单片机芯片半导体工艺

MCS—51 系列单片机采用两种半导体工艺生产。一种是 HMOS 工艺,即高速度、高密度、短沟道 MOS 工艺。另外一种是 CHMOS 工艺,即互补金属氧化物的 HMOS 工艺。表 1.1 中,芯片型号中带有字母"C"的,为 CHMOS 芯片,其余均为一般的 HMOS 芯片。

CHMOS 是 CMOS 和 HMOS 的结合,除保持了 HMOS 高速度和高密度的特点之外,还具有 CMOS 低功耗的特点。例如 8051 的功耗为 630 mW,而 80C51 的功耗只有 120 mW。在便携式、手提式或野外作业仪器设备上,低功耗是非常有意义的,因此,在这些产品中必须使用 CHMOS 的单片机芯片。

MCS—51 单片机的典型芯片是 8031、8051、8751。8051 内部有 4 KB ROM,8751 内部有 4 KB EPROM,8031 内部无 ROM;除此之外,三者的内部结构及引脚完全相同。因此,以 8051 为例,说明本系列单片机的内部组成及信号引脚。

3.8051 单片机的基本组成

8051 单片机的基本组成如图 1.4 所示。下面介绍各部分的基本情况。

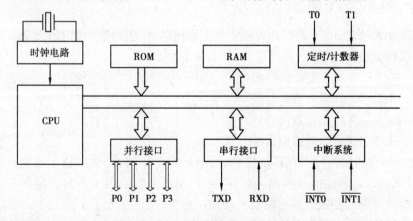

图 1.4 MCS—51 单片机的结构框图

1)中央处理器(CPU)

中央处理器是单片机的核心,完成运算和控制功能。MCS—51 的 CPU 能处理 8 位二进制数或代码。

2）内部数据存储器（内部 RAM）

8051 芯片中共有 256 个 RAM 单元，但其中后 128 单元被专用寄存器占用，能作为寄存器供用户使用的只是前 128 单元，用于存放可读写的数据。因此通常所说的内部数据存储器就是指前 128 单元，简称内部 RAM。

3）内部程序存储器（内部 ROM）

8051 共有 4 KB 掩膜 ROM，用于存放程序、原始数据或表格，因此，称之为程序存储器，简称内部 ROM。

4）定时/计数器

8051 共有两个 16 位的定时/计数器，以实现定时或计数功能，并以其定时或计数结果对计算机进行控制。

5）并行 I/O 口

MCS—51 共有 4 个 8 位的 I/O 口（P0、P1、P2、P3），以实现数据的并行输入/输出。在下面的实训中我们来练习使用 P1 口，通过 P1 口连接 8 个发光二极管。

6）串行口

MCS—51 单片机有一个全双工的串行口，以实现单片机和其他设备之间的串行数据传送。该串行口功能较强，既可作为全双工异步通信收发器使用，也可作为同步移位器使用。

7）中断控制系统

MCS—51 单片机的中断功能较强，以满足控制应用的需要。8051 共有 5 个中断源，即外中断两个，定时/计数中断两个，串行中断一个。全部中断分为高级和低级共两个优先级别。

8）时钟电路

MCS—51 芯片的内部有时钟电路，但石英晶体和微调电容需外接。时钟电路为单片机产生时钟脉冲序列。系统允许的晶振频率一般为 6 MHz 和 12 MHz。从上述内容可以看出，MCS—51 虽然是一个单片机芯片，但作为计算机应该具有的基本部件它都包括，因此，实际上它已是一个简单的微型计算机系统了。

三、MCS—51 的信号引脚

MCS—51 是标准的 40 引脚双列直插式集成电路芯片，引脚排列如图 1.5 所示。

1. 信号引脚介绍

P0.0 ～ P0.7：P0 口 8 位双向口线

P1.0 ～ P1.7：P1 口 8 位双向口线

P2.0 ～ P2.7：P2 口 8 位双向口线

P3.0 ～ P3.7：P3 口 8 位双向口线

ALE：地址锁存控制信号。在系统扩展时，ALE 用于控制将 P0 口输出的低 8 位地址锁存起来，以实现低位地址和数据的隔离。此外，由于 ALE 是以晶振 1/6 的固定频率输出的正脉冲，因此，可作为外部时钟或外部定时脉冲使用。

PSEN：外部程序存储器读选通信号。在读外部 ROM 时，有效（低电平），以实现外部 ROM 单元的读操作。

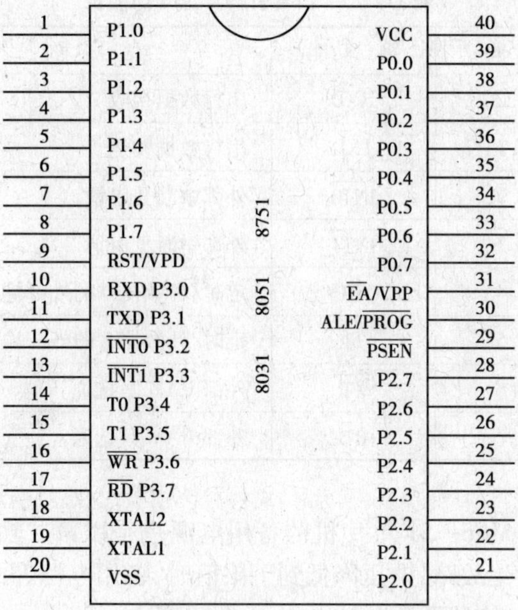

1	P1.0		VCC	40
2	P1.1		P0.0	39
3	P1.2		P0.1	38
4	P1.3		P0.2	37
5	P1.4		P0.3	36
6	P1.5		P0.4	35
7	P1.6	8751	P0.5	34
8	P1.7		P0.6	33
9	RST/VPD		P0.7	32
10	RXD P3.0	8051	$\overline{EA}$/VPP	31
11	TXD P3.1		ALE/$\overline{PROG}$	30
12	$\overline{INT0}$ P3.2	8031	$\overline{PSEN}$	29
13	$\overline{INT1}$ P3.3		P2.7	28
14	T0 P3.4		P2.6	27
15	T1 P3.5		P2.5	26
16	$\overline{WR}$ P3.6		P2.4	25
17	$\overline{RD}$ P3.7		P2.3	24
18	XTAL2		P2.2	23
19	XTAL1		P2.1	22
20	VSS		P2.0	21

图 1.5　MCS—51 单片机芯片引脚排列图

$\overline{EA}$:访问程序存储控制信号。当信号为低电平时,对 ROM 的读操作限定在外部程序存储器;当信号为高电平时,对 ROM 的读操作是从内部程序存储器开始,并可延至外部程序存储器。

RST:复位信号。当输入的复位信号延续两个机器周期以上的高电平时即为有效,用以完成单片机的复位初始化操作。

XTAL1 和 XTAL2:外接晶体引线端。当使用芯片内部时钟时,此二引线端用于外接石英晶体和微调电容;当使用外部时钟时,用于接外部时钟脉冲信号。

VSS:地线。

VCC：+5 V 电源。

以上是 MCS—51 单片机芯片 40 条引脚的定义及简单功能说明,读者可以通过后面的实训电路找到相应引脚,在电路中查看每个引脚的连接使用。

2.信号引脚的第二功能

由于工艺及标准化等原因,芯片的引脚数目是有限制的。例如,MCS—51 系列把芯片引脚数目限定为 40 条,但单片机为实现其功能所需要的信号数目却远远超过此数,因此就出现了需要与可能的矛盾。如何解决这个矛盾?"兼职"是唯一可行的办法,即给一些信号引脚赋以双重功能。如果把前述的信号定义为引脚第一功能的话,则根据需要再定义的信号就是它的第二功能。下面介绍一些信号引脚的第二功能。

(1)P3 口线的第二功能。P3 的 8 条口线都定义有第二功能,详见表 1.2。

(2)EPROM 存储器程序固化所需要的信号。有内部 EPROM 的单片机芯片(例如 8751),为写入程序需提供专门的编程脉冲和编程电源,这些信号也是由信号引脚以第二功能的形式提供的,即:编程脉冲:30 脚(ALE/$\overline{PROG}$)编程电压(25 V):31 脚(EN/VPP)。

表 1.2　P3 口各引脚与第二功能表

引　脚	第二功能	信号名称
P3.0	RXD	串行数据接收
P3.1	TXD	串行数据发送
P3.2	$\overline{INT0}$	外部中断 0 申请
P3.3	$\overline{INT1}$	外部中断 1 申请
P3.4	T0	定时/计数器 0 的外部输入
P3.5	T1	定时/计数器 1 的外部输入
P3.6	$\overline{WR}$	外部 RAM 写选通
P3.7	$\overline{RD}$	外部 RAM 读选通

（3）备用电源引入。MCS—51 单片机的备用电源也是以第二功能的方式由 9 脚（RST/VPD）引入的。当电源发生故障,电压降低到下限值时,备用电源经此端向内部 RAM 提供电压,以保护内部 RAM 中的信息不丢失。

以上把 MCS—51 单片机的全部信号引脚分别以第一功能和第二功能的形式列出。对于各种型号的芯片,其引脚的第一功能信号是相同的,所不同的只在引脚的第二功能信号。

对于 9、30 和 31 三个引脚,由于第一功能信号与第二功能信号是单片机在不同工作方式下的信号,因此不会发生使用上的矛盾。但是 P3 口的情况却有所不同,它的第二功能信号都是单片机的重要控制信号。因此,在实际使用时,都是先按需要选用第二功能信号,剩下的才以第一功能的身份作数据位的输入/输出使用。

四、MCS—51 内部数据存储器

MCS—51 单片机的芯片内部有 RAM 和 ROM 两类存储器,即所谓的内部 RAM 和内部ROM,首先分析内部 RAM。

1. 内部数据存储器低 128 单元

8051 的内部 RAM 共有 256 个单元,通常把这 256 个单元按其功能划分为两部分:低 128单元（单元地址 00H～7FH）和高 128 单元（单元地址 80H～FFH）。表 1.3 所示为低 128 单元的配置表。

表 1.3　片内 RAM 的配置表

30H ～7FH	数据缓冲区
20H ～2FH	位寻址区（00H～7FH）
18H ～1FH	工作寄存器 3 区（R7～R0）
10H ～17H	工作寄存器 2 区（R7～R0）
08H ～0FH	工作寄存器 1 区（R7～R0）
00H ～07H	工作寄存器 0 区（R7～R0）

　　低 128 单元是单片机的真正 RAM 存储器,按其用途划分为寄存器区、位寻址区和用户 RAM 区 3 个区域。

1)寄存器区

　　8051 共有 4 组寄存器,每组 8 个寄存单元(各为 8),各组都以 R0~R7 作寄存单元编号。寄存器常用于存放操作数中间结果等。由于它们的功能及使用不作预先规定,因此称之为通用寄存器,有时也叫工作寄存器。4 组通用寄存器占据内部 RAM 的 00H~1FH 单元地址。

　　在任一时刻,CPU 只能使用其中的一组寄存器,并且把正在使用的那组寄存器称之为当前寄存器组。到底是哪一组,由程序状态字寄存器 PSW 中 RS1、RS0 位的状态组合来决定。通用寄存器为 CPU 提供了就近存储数据的便利,有利于提高单片机的运算速度。此外,使用通用寄存器还能提高程序编制的灵活性,因此,在单片机的应用编程中应充分利用这些寄存器,以简化程序设计,提高程序运行速度。

2)位寻址区

　　内部 RAM 的 20H~2FH 单元,既可作为一般 RAM 单元使用,进行字节操作,也可以对单元中每一位进行位操作,因此把该区称之为位寻址区。位寻址共有 16 个 RAM 单元,计 128 位,地址为 00H~7FH,见表 1.4。MCS—51 具有布尔处理机能,这个位寻址区可以构成布尔处理机的存储空间。这种位寻址能力是 MCS—51 的一个重要特点。

表 1.4　位寻址区的位地址

单元地址	高			位地址				低
2FH	7F	7E	7D	7C	7B	7A	79	78
2EH	77	76	75	74	73	72	71	70
2DH	6F	6E	6D	6C	6B	6A	69	68
2CH	67	66	65	64	63	62	61	60
2BH	5F	5E	5D	5C	5B	5A	59	58
2AH	57	56	55	54	53	52	51	50
29H	4F	4E	4D	4C	4B	4A	49	48
28H	47	46	45	44	43	42	41	40
27H	3F	3E	3D	3C	3B	3A	39	38
26H	37	36	35	34	33	32	31	30
25H	2F	2E	2D	2C	2B	2A	29	28
24H	27	26	25	24	23	22	21	20
23H	1F	1E	1D	1C	1B	1A	19	18
22H	17	16	15	14	13	12	11	10
21H	0F	0E	0D	0C	0B	0A	09	08
20H	07	06	05	04	03	02	01	00

3)用户 RAM 区

在内部 RAM 低 128 单元中,通用寄存器占去 32 个单元,位寻址区占去 16 个单元,剩下 80 个单元,这就是供用户使用的一般 RAM 区,其单元地址为 30H ~ 7FH。

对用户 RAM 区的使用没有任何规定或限制,但在一般应用中常把堆栈开辟在此区中。

2. 内部数据存储器高 128 单元

内部 RAM 的高 128 单元是供给专用寄存器使用的,其单元地址为 80H ~ FFH。因这些寄存器的功能已作专门规定,故称之为专用寄存器(Special Function Register),也可称为特殊功能寄存器。

1)专用寄存器(SFR)简介

8051 共有 21 个专用寄存器,现把其中部分寄存器简单介绍如下:

(1)程序计数器(PC—Program Counter)。在实训中,我们已经知道 PC 是一个 16 位的计数器,它的作用是控制程序的执行顺序。其内容为将要执行指令的地址,寻址范围达 64 KB。PC 有自动加 1 功能,从而实现程序的顺序执行。PC 没有地址,是不可寻址的,因此用户无法对它进行读写,但可以通过转移、调用、返回等指令改变其内容,以实现程序的转移。因地址不在 SFR(专用寄存器)之内,一般不计作专用寄存器。

(2)累加器(ACC—Accumulator)。累加器为 8 位寄存器,是最常用的专用寄存器,功能较多,地位重要。它既可用于存放操作数,也可用来存放运算的中间结果。MCS—51 单片机中大部分单操作数指令的操作数就取自累加器,许多双操作数指令中的一个操作数也取自累加器。

(3)B 寄存器。B 寄存器是一个 8 位寄存器,主要用于乘除运算。乘法运算时,B 存乘数。乘法操作后,乘积的高 8 位存于 B 中,除法运算时,B 存除数。除法操作后,余数存于 B 中。此外,B 寄存器也可作为一般数据寄存器使用。

(4)程序状态字(PSW—Program Status Word)。程序状态字是一个 8 位寄存器,用于存放程序运行中的各种状态信息。其中有些位的状态是根据程序执行结果,由硬件自动设置的,而有些位的状态则使用软件方法设定。PSW 的位状态可以用专门指令进行测试,也可以用指令读出。一些条件转移指令将根据 PSW 有些位的状态,进行程序转移。

PSW 的各位定义如下:

PSW 位地址	D7H	D6H	D5H	D4H	D3H	D2H	D1H	D0H
字节地址 D0H	CY	AC	F0	RS1	RS0	OV	F1	P

除 PSW.1 位保留未用外,其余各位的定义及使用如下:

CY(PSW.7)——进位标志位。CY 是 PSW 中最常用的标志位。其功能有两方面。一是存放算术运算的进位标志,在进行加或减运算时,如果操作结果的最高位有进位或借位时,CY 由硬件置"1",否则清"0";二是在位操作中,作累加位使用。位传送、位与位或等位操作,操作位之一固定是进位标志位。

AC(PSW.6)——辅助进位标志位。在进行加减运算中,当低 4 位向高 4 位进位或借位时,AC 由硬件置"1",否则 AC 位被清"0"。在 BCD 码调整中也要用到 AC 位状态。

F0(PSW.5)——用户标志位。这是一个供用户定义的标志位,需要利用软件方法置位或复位,用以控制程序的转向。

RS1 和 RS0(PSW.4,PSW.3)——寄存器组选择位。它们被用于选择 CPU 当前使用的通用寄存器组。通用寄存器共有 4 组,其对应关系如下表 1.5:

表 1.5 工作寄存器选择表

RS1　RS0	寄存器组	片内 RAM 地址
00	第 0 组	00H~07H
01	第 1 组	08H~0FH
10	第 2 组	10H~17H
11	第 3 组	18H~1FH

这两个选择位的状态是由软件设置的,被选中的寄存器组即为当前通用寄存器组。但当单片机上电或复位后,RS1 RS0 =00。

OV(PSW.2)——溢出标志位。在带符号数加减运算中,OV =1 表示加减运算超出了累加器 A 所能表示的符号数有效范围(-128 ~ +127),即产生了溢出,因此运算结果是错误的,否则,OV =0 表示运算正确,即无溢出产生。

在乘法运算中,OV =1 表示乘积超过 255,即乘积分别在 B 与 A 中,否则,OV =0,表示乘积只在 A 中。

在除法运算中,OV =1 表示除数为 0,除法不能进行,否则,OV =0,除数不为 0,除法可正常进行。

P(PSW.0)——奇偶标志位。表明累加器 A 中内容的奇偶性。如果 A 中有奇数个"1",则 P 置"1",否则置"0"。凡是改变累加器 A 中内容的指令均会影响 P 标志位。此标志位对串行通信中的数据传输有重要的意义。在串行通信中常采用奇偶校验的办法来校验数据传输的可靠性。

(5)数据指针(DPTR)。数据指针为 16 位寄存器。编程时,DPTR 既可以按 16 位寄存器使用,也可以按两个 8 位寄存器分开使用,即:

DPH DPTR 高位字节

DPL DPTR 低位字节

DPTR 通常在访问外部数据存储器时作地址指针使用。由于外部数据存储器的寻址范围为 64 KB,故将 DPTR 设计为 16 位。

(6)堆栈指针(SP—Stack Pointer)。堆栈是一个特殊的存储区,用来暂存数据和地址,它是按"先进后出"的原则存取数据的。堆栈共有两种操作:进栈和出栈。

由于 MCS—51 单片机的堆栈设在内部 RAM 中,因此 SP 是一个 8 位寄存器。系统复位后,SP 的内容为 07H,从而复位后堆栈实际上是从 08H 单元开始的。但 08H~1FH 单元分别属于工作寄存器 1~3 区,如程序要用到这些区,最好把 SP 值改为 1FH 或更大的值。

一般在内部 RAM 的 30H~7FH 单元中开辟堆栈。SP 的内容一经确定,堆栈的位置也就跟着确定下来,由于 SP 可初始化为不同值,因此堆栈位置是浮动的。

此处,只集中讲述了 6 个专用寄存器,其余的专用寄存器(如 TCON、TMOD、IE、IP、SCON、PCON、SBUF 等)将在以后内容中陆续介绍。

2)专用寄存器中的字节寻址和位地址

MCS—51 系列单片机有 21 个可寻址的专用寄存器,其中有 11 个专用寄存器是可以位寻址的。下面把各寄存器的字节地址及位地址一并列于表 1.6 中。

表 1.6　MCS—51 专用寄存器地址表

SFR	高			位地址/位定义				低
ACC(E0H)	E7	E6	E5	E4	E3	E2	E1	E0
B(F0H)	F7	F6	F5	F4	F3	F2	F1	F0
PSW(D0H)	D7	D6	D5	D4	D3	D2	D1	D0
	CY	AC	F0	RS1	RS0	OV	F1	P
IP(B8H)	BF	BE	BD	BC	BB	BA	B9	B8
	—	—	—	PS	PT1	PX1	PT0	PX0
P3(B0H)	B7	B6	B5	B4	B3	B2	B1	B0
	P3.7	P3.6	P3.5	P3.4	P3.3	P3.2	P3.1	P3.0
IE(A8H)	AF	AE	AD	AC	AB	AA	A9	A8
	EA	—		EP	ET1	EX1	ET0	EX0
P2(A0H)	A7	A6	A5	A4	A3	A2	A1	A0
	P2.7	P2.6	P2.5	P2.4	P2.3	P2.2	P2.1	P2.0
SBUF(99H)								
SCON(98H)	9F	9E	9D	9C	9B	9A	99	98
	SM0	SM1	SM2	REN	TB8	RB8	TI	RI
P1(90H)	97	96	95	94	93	92	91	90
	P1.7	P1.6	P1.5	P1.4	P1.3	P1.2	P1.1	P1.0
TH1(8DH)								
TH0(8CH)								
TL1(8BH)								
TL0(8AH)								
TMOD(89H)								
TCON(88H)	8F	8E	8D	8C	8B	8A	89	88
	GATE	C/T	M1	M0	GATE	C/T	M1	M0
PCON(87H)								
DPH(83H)								
DPL(82H)								
SP(81H)								
P0(80H)	87	86	85	84	83	82	81	80
	P0.7	P0.6	P0.5	P0.4	P0.3	P0.2	P0.1	P0.0

对专用寄存器的字节寻址问题作如下几点说明：

（1）21 个可字节寻址的专用寄存器是不连续地分散在内部 RAM 高 128 单元之中，尽管还余有许多空闲地址，但用户并不能使用。

（2）程序计数器 PC 不占据 RAM 单元，它在物理上是独立的，因此是不可寻址的寄存器。

（3）对专用寄存器只能使用直接寻址方式，书写时既可使用寄存器符号，也可使用寄存器。

表 1.6 中，凡字节地址不带括号的寄存器都是可进行位寻址的寄存器，带括号的是不可位寻址的寄存器。全部专用寄存器可寻址的位一共有 83 位，这些位都具有专门的定义和用途。这样，加上位寻址区的 128 位，在 MCS—51 的内部 RAM 中共有 128 + 83 = 211 个可寻址位。

五、MCS—51 内部程序存储器

MCS—51 的程序存储器用于存放编好的程序和表格常数。8051 片内有 4 KB 的 ROM，8751 片内有 4 KB 的 EPROM，8031 片内无程序存储器。MCS—51 的片外最多能扩展 64 KB 程序存储器，片内外的 ROM 是统一编址的。如端口保持高电平，8051 的程序计数器 PC 在 0000H ~ 0FFFH 地址范围内（即前 4 KB 地址）是执行片内 ROM 中的程序，当 PC 在 1000H ~ FFFFH 地址范围时，自动执行片外程序存储器中的程序；当保持低电平时，只能寻址外部程序存储器，片外存储器可以从 0000H 开始编址。

MCS—51 的程序存储器中有些单元具有特殊功能，使用时应予以注意。其中一组特殊单元是 0000H ~ 0002H。系统复位后，（PC）= 0000H，单片机从 0000H 单元开始取指令执行程序。如果程序不从 0000H 单元开始，应在这三个单元中存放一条无条件转移指令，以便直接转去执行指定的程序。还有一组特殊单元是 0003H ~ 002AH，共 40 个单元。这 40 个单元被均匀地分为 5 段，作为 5 个中断源的中断地址区。其中：

0003H ~ 000AH　　外部中断 0 中断地址区

000BH ~ 0012H　　定时/计数器 0 中断地址区

0013H ~ 001AH　　外部中断 1 中断地址区

001BH - 0022II　　定时/计数器 1 中断地址区

0023H ~ 002AH　　串行中断地址区

中断响应后，按中断种类，自动转到各中断区的首地址去执行程序，因此在中断地址区中理应存放中断服务程序。但通常情况下，8 个单元难以存下一个完整的中断服务程序，因此通常也是从中断地址区首地址开始存放一条无条件转移指令，以便中断响应后，通过中断地址区，再转到中断服务程序的实际入口地址。

并行输入/输出口电路结构：

单片机芯片内还有一项主要内容就是并行 I/O 口。MCS—51 共有 4 个 8 位的并行 I/O 口，分别记作 P0、P1、P2、P3。每个口都包含一个锁存器、一个输出驱动器和输入缓冲器。实际上，它们已被归入专用寄存器之列，并且具有字节寻址和位寻址功能。

在访问片外扩展存储器时，低 8 位地址和数据由 P0 口分时传送，高 8 位地址由 P2 口传送。在无片外扩展存储器的系统中，这 4 个口的每一位均可作为双向的 I/O 端口使用。

MCS—51 单片机的 4 个 I/O 口都是 8 位双向口，这些口在结构和特性上是基本相同的，但又各具特点，以下将分别介绍之。

1. P0 口

P0 口的口线逻辑电路如图 1.6 所示。

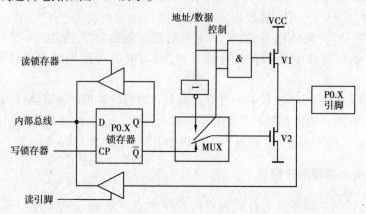

图 1.6 P0 口的口线逻辑电路图

由图可见,电路中包含有一个数据输出锁存器、两个三态数据输入缓冲器、一个数据输出的驱动电路和一个输出控制电路。当对 P0 口进行写操作时,由锁存器和驱动电路构成数据输出通路。由于通路中已有输出锁存器,因此数据输出时可以与外设直接连接,而不需再加数据锁存电路。

考虑到 P0 口既可以作为通用的 I/O 口进行数据的输入/输出,也可以作为单片机系统的地址/数据线使用,为此在 P0 口的电路中有一个多路转接电路 MUX。在控制信号的作用下,多路转接电路可以分别接通锁存器输出或地址/数据线。当作为通用的 I/O 口使用时,内部的控制信号为低电平,封锁与门,将输出驱动电路的上拉场效应管(FET)截止,同时使多路转接电路 MUX 接通锁存器 Q 端的输出通路。

读端口是指通过上面的缓冲器读锁存器 Q 端的状态。在端口已处于输出状态的情况下,Q 端与引脚的信号是一致的,这样安排的目的是为了适应对口进行"读—修改—写"操作指令的需要。例如,"ANL P0,A"就是属于这类指令,执行时先读入 P0 口锁存器中的数据,然后与 A 的内容进行逻辑与,再把结果送回 P0 口。对于这类"读—修改—写"指令,不直接读引脚而读锁存器是为了避免可能出现的错误。因为在端口已处于输出状态的情况下,如果端口的负载恰是一个晶体管的基极,导通了的 PN 结会把端口引脚的高电平拉低,这样直接读引脚就会把本来的"1"误读为"0"。但若从锁存器 Q 端读,就能避免这样的错误,得到正确的数据。

但要注意,当 P0 口进行一般的 I/O 输出时,由于输出电路是漏极开路电路,因此必须外接上拉电阻才能有高电平输出;当 P0 口进行一般的 I/O 输入时,必须先向电路中的锁存器写入"1",使 FET 截止,以避免锁存器为"0"状态时对引脚读入的干扰。

在实际应用中,P0 口绝大多数情况下都是作为单片机系统的地址/数据线使用,这要比作一般 I/O 口应用简单。当输出地址或数据时,由内部发出控制信号,打开上面的与门,并使多路转接电路 MUX 处于内部地址/数据线与驱动场效应管栅极反相接通状态。这时的输出驱动电路由于上、下两个 FET 处于反相,形成推拉式电路结构,使负载能力大为提高。而当输入数据时,数据信号则直接从引脚通过输入缓冲器进入内部总线。

2. P1 口

P1 口的口线逻辑电路如图 1.7 所示。

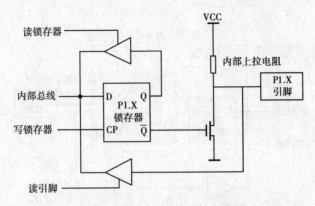

图 1.7 P1 口的口线逻辑电路图

因为 P1 口通常是作为通用 I/O 口使用的,所以在电路结构上与 P0 口有一些不同之处:首先它不再需要多路转接电路 MUX;其次是电路的内部有上拉电阻,与场效应管共同组成输出驱动电路。为此,P1 口作为输出口使用时,已经能向外提供推拉电流负载,无需再外接上拉电阻。当 P1 口作为输入口使用时,同样也需先向其锁存器写"1",使输出驱动电路的 FET 截止。

3. P2 口

P2 口的口线逻辑电路如图 1.8 所示。

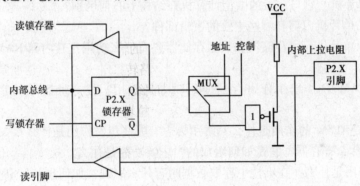

图 1.8 P2 口的口线逻辑电路图

P2 口电路比 P1 口电路多了一个多路转接电路 MUX,这又正好与 P0 口一样。P2 口可以作为通用 I/O 口使用,这时多路转接电路开关倒向锁存器 Q 端。通常情况下,P2 口是作为高位地址线使用,此时多路转接电路开关应倒向相反方向。

4. P3 口

P3 口的口线逻辑电路如图 1.9 所示。

P3 口的特点在于,为适应引脚信号第二功能的需要,增加了第二功能控制逻辑。由于第二功能信号有输入和输出两类,因此分两种情况说明。

对于第二功能为输出的信号引脚,当作为 I/O 使用时,第二功能信号引线应保持高电平,与非门开通,以维持从锁存器到输出端数据输出通路的畅通。当输出第二功能信号时,该位的锁存器应置"1",使与非门对第二功能信号的输出是畅通的,从而实现第二功能信号的输出。

对于第二功能为输入的信号引脚,在口线的输入通路上增加了一个缓冲器,输入的第二功能信号就从这个缓冲器的输出端取得。而作为 I/O 使用的数据输入,仍取自三态缓冲器的输出端。不管是作为输入口使用还是第二功能信号输入,输出电路中的锁存器输出和第二功能输出信号线都应保持高电平。

15

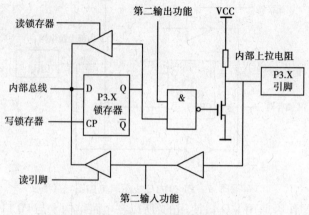

图1.9　P3口的口线逻辑电路图

任务巩固

1. 什么是单片机？它与一般的微型计算机在结构上有何区别？

2. MSC—51单片机内部有哪些主要的逻辑部件？

3. MSC—51单片机程序存储器和数据存储器各有什么功用？其内部RAM区功能结构如何分配？

4. 在内部RAM中，4组工作寄存器使用时如何选用？位寻址区域的字节地址范围是多少？

5. 程序状态字PSW的作用是什么？常用标志有哪些位？作用是什么？

6. DPTR是什么寄存器？它是如何组成的？主要功能是什么？

7. 堆栈的作用是什么？在堆栈中存取数据时有什么原则？如何理解？SP是什么寄存器？SP中的内容表示什么？

8. 8051单片机在并行扩展外存储器后，P0口、P1口、P2口、P3口各担负何种职能？

任务二　单片机的时种、时序、复位

> 知识点及目标：单片机是一个时序逻辑电路，要掌握其工作的基本条件。
>
> 能力点及目标：初步了解单片机控制的基本工作条件及工作过程。

任务描述

　　单片机是一种时序逻辑电路，要掌握其工作的基本工作条件，即时钟、时序、复位才能较好地应用单片机。

任务分析

单片机的学习和使用者必须要了解时钟电路、复位电路的组成。

相关知识

一、时钟电路

1. 时钟电路与时序

1) 时钟信号的产生

大家要知道单片是一个时序电路,需要时钟信号,单片机的 CPU 才能在一定的节拍信号下有序地工作。单片机的时钟信号如何产生呢? MCS—51 芯片内部有一个高增益反相放大器,其输入端为芯片引脚 XTAL1,其输出端为引脚 XTAL2。而在芯片的外部,XTAL1 和 XTAL2 之间跨接晶体振荡器和微调电容,从而构成一个稳定的自激振荡器,这就是单片机的时钟电路,如图 1.10 所示。

时钟电路产生的振荡脉冲经过触发器进行二分频之后,才成为单片机的时钟脉冲信号。请读者特别注意时钟脉冲与振荡脉冲之间的二分频关系,否则会造成概念上的错误。

一般地,电容 C1 和 C2 取 30 pF 左右,晶体的振荡频率范围是 1.2 ~ 12 MHz。晶体振荡频率高,则系统的时钟频率也高,单片机运行速度也就快。MCS—51 在通常应用情况下,使用振荡频率为 6 MHz 或 12 MHz。

2) 引入外部脉冲信号

在由多片单片机组成的系统中,为了各单片机之间时钟信号的同步,应当引入唯一的公用外部脉冲信号作为各单片机的振荡脉冲。这时,外部的脉冲信号是经 XTAL2 引脚注入,其连接如图 1.11 所示。

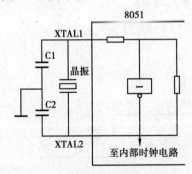

图 1.10　时钟振荡电路

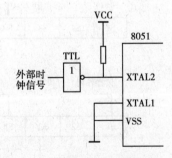

图 1.11　外部时钟源接法

3) 时序

时序是用定时单位来说明的。MCS—51 的时序定时单位共有 4 个,从小到大依次是:节拍、状态、机器周期和指令周期。下面分别加以说明。

(1) 节拍与状态　把振荡脉冲的周期定义为节拍(用 P 表示)。振荡脉冲经过二分频后,就是单片机的时钟信号的周期,其定义为状态(用 S 表示)。

这样，一个状态就包含两个节拍，具前半周期对应的拍节叫节拍1(P1)，后半周期对应的节拍叫节拍2(P2)。

(2)机器周期　MCS—51采用定时控制方式，因此它有固定的机器周期。规定一个机器周期的宽度为6个状态，并依次表示为S1~S6。由于一个状态又包括两个节拍，因此，一个机器周期总共有12个节拍，分别记作S1P1、S1P2、…、S6P2。由于一个机器周期共有12个振荡脉冲周期，因此机器周期就是振荡脉冲的十二分频。当振荡脉冲频率为12 MHz时，一个机器周期为1 μs；当振荡脉冲频率为6 MHz时，一个机器周期为2 μs。

(3)指令周期　指令周期是最大的时序定时单位，执行一条指令所需要的时间称为指令周期。它一般由若干个机器周期组成。不同的指令，所需要的机器周期数也不相同。通常，包含一个机器周期的指令称为单周期指令，包含两个机器周期的指令称为双周期指令，等等。

指令的运算速度与指令所包含的机器周期有关，机器周期数越少指令执行速度越快。MCS—51单片机通常可以分为单周期指令、双周期指令和四周期指令等三种。四周期指令只有乘法和除法指令两条，其余均为单周期和双周期指令。

单片机执行任何一条指令时都可以分为取指令阶段和执行指令阶段。MCS—51的取指/执行时序如图1.12所示。

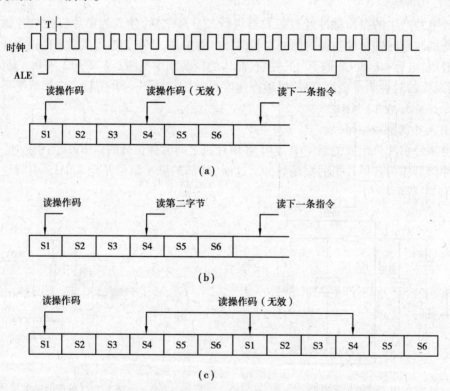

图1.12　单片机的时序图

(a)单字节单周期指令；(b)双字节单周期指令；(c)单字节双周期指令

由图1.12可见，ALE引脚上出现的信号是周期性的，在每个机器周期内出现两次高电平。第一次出现在S1P2和S2P1期间，第二次出现在S4P2和S5P1期间。ALE信号每出现一次，CPU就进行一次取指操作，但由于不同指令的字节数和机器周期数不同，因此取指令操作也随指令不同而有小的差异。

　　按照指令字节数和机器周期数,8051 的 111 条指令可分为 6 类,分别是:单字节单周期指令、单字节双周期指令、单字节四周期指令、双字节单周期指令、双字节双周期指令、三字节双周期指令,可以参见图 1.12。

　　图 1.12(a)、(b)分别给出了单字节单周期和双字节单周期指令的时序。单周期指令的执行始于 S1P2,这时操作码被锁存到指令寄存器内。若是双字节,则在同一机器周期的 S4 读第二字节。若是单字节指令,则在 S4 仍有读操作,但被读入的字节无效,且程序计数器 PC 并不增量。

　　图 1.12(c)给出了单字节双周期指令的时序,两个机器周期内进行 4 次读操作码操作。因为是单字节指令,所以,后三次读操作都是无效的。

2. 复位

　　无论单片机在执行什么程序,如果触发复位就会使其回到程序的起始地址重新开始执行程序。图 1.13(a)为上电复位电路,它是利用电容充电来实现的。在接电瞬间,RESET 端的电位与 VCC 相同,随着充电电流的减少,RESET 的电位逐渐下降。只要保证 RESET 为高电平的时间大于两个机器周期,便能正常复位。图 1.13(b)为按键复位电路。该电路除具有上电复位功能外,若要复位,只需按图 1.13(b)中的 RESET 键,此时电源 VCC 经电阻 R1、R2 分压,在RESET 端产生一个复位高电平。读者可根据需要来选择适当的复位方式。

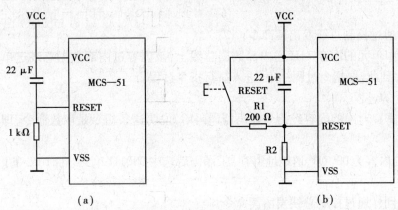

图 1.13　单片机常见的复位电路图

(a)上电复位电路;(b)按键复位电路

　　单片机复位期间不产生 ALE 和 $\overline{\text{PSEN}}$ 信号,即 ALE = 1 和$\overline{\text{PSEN}}$= 1。这表明单片机复位期间不会有任何取指操作。复位后,内部各专用寄存器状态如下:

PC：	0000H	TMOD：	00H
ACC：	00H	TCON：	00H
B：	00H	TH0：	00H
PSW：	00H	TL0：	00H
SP：	07H	TH1：	00H
DPTR：	0000H	TL1：	00H
P0 ~ P3：	FFH	SCON：	00H
IP：	***00000B	SBUF：	不定
IE：	0**00000B	PCON：	0***0000

其中，＊表示无关位。请注意：

（1）复位后 PC 值为 0000H，表明复位后程序从 0000H 开始执行，这一点在实训中已经介绍。

（2）SP 值为 07H，表明堆栈底部在 07H。一般需重新设置 SP 值。

（3）P0～P3 口值为 FFH。P0～P3 口用做输入口时，必须先写入"1"。单片机在复位后，已使 P0～P3 口每一端线为"1"，为这些端线用做输入口作好了准备。

二、单片机的工作过程

单片机的工作过程实质上是执行用户编制程序的过程，一般程序的机器码都已写入存储器中，因此开机复位后，就可以执行指令。执行指令又是取指令和执行指令的周而复始的过程。

假设机器码 74H、E0H 已存在于 0000H 开始的单元中，则表示把 E0H 这个值送入 A 累加器。下面来说明单片机的工作过程。接通电源开机后，PC ＝0000H，取指令过程如下：

（1）PC 中的 0000H 送到片内的地址寄存器；

（2）PC 的内容自动加 1 变为 0001H，指向下一个指令字；

（3）地址寄存器中的内容 0000H 通过地址总线送到存储器，经存储器中的址译码选中 0000H 单元；

（4）CPU 通过控制总线发出读命令；

（5）被选中单元的内容 74H 送内部数据总线上，该内容过内部数据总线送单片机内部的指令寄存器。到此，取指令过程结束，进入执行指令过程。

执行指令的过程：

（1）指令寄存器中的内容经指令译码器译码后，说明这条指令是取数命令，即把一个立即数送至 A 中；

（2）PC 的内容为 0001H，送地址寄存器，译码后选中 0001H 单元，同时 PC 的内容自动加 1 变为 0002H；

（3）CPU 同样通过控制总线发出读命令；

（4）0001H 单元的内容 E0H 读出经内部数据总线送至 A。至此，本指令执行结束。PC ＝0002H，机器又进入下一条指令的取指令过程。机器一直重复上述过程直至程序中的所有指令执行完毕，这就是单片机的基本工作过程。

小结：单片机是一种微型计算机，将一般计算机的基本组成部分及 I/O 接口集中制作在了一个芯片上，可以通过其 I/O 信号线用程序控制片外的设备进行规定的运行任务，如电动机、显示器、发光二极管等。

任务巩固

1. 什么是机器周期？一个机器周期的时序是如何来划分的？如果采用 12 MHz 晶振，一个机器周期为多长时间？

2. ALE 信号频率与时钟频率有什么关系？

实训 流水灯的制作

1. 实训目的

(1)了解单片机系统的基本组成及功能。

(2)通过最简应用系统实例了解单片机的基本工作过程。

2. 实训设备与器件

实训设备:AT89S51 单片机芯片,74HC240、发光二极管、电源、电阻等。

3. 实训任务及要求

(1)首先向学生提出任务,即要求单片机工作时,发光二极管 LED 按 1 Hz 频率闪烁。

分析这一步骤可以培养学生的发散性思维,学生根据自己的知识积累结合硬件电路和任务描述读懂电路组成部件及其作用,分析电路如何工作,从而确定哪些地方不够熟悉以及该部分知识涉及的是新内容还是旧内容,若是新内容则属于本次的学习任务,若是旧内容则是复习的机会;同时确定重点和难点。该过程有利于培养学生分析问题及发现问题的能力。

(2)组建硬件电路。

教师应给出参考程序:然后指导学生在模拟仿真软件上编辑、编译程序,打开"ISP 下载软件",将目标文件下载到单片机芯片上。让学生动笔和动手,提高运用知识的能力及培养良好的学习习惯。

观察接上电源,按键并观察演示现象,看看彩灯是否有规律地亮与灭;按下 S1 键,观察彩灯保持现有状态几秒后发生改变,等等。观察现象并找出变化规律是培养学生发现问题、提出问题的重要环节。再分析学生根据前面观察到的现象、找出的变化规律进行深一层次的分析、思考、讨论及交流,直至大家最终找出新的知识点。例如,看到发光二极管随着程序的运行有规律地闪动,就会思考单片机是怎样将程序中运行的结果发送给发光二极管的,这样很自然地就会提出并行 I/O 口这个新知识点;再如,单片机的程序及程序运行当中的数据保存到哪里,是如何保存的,这样的问题也很容易引出存储器(ROM、RAM)及其扩展这一知识点;又如,按键为何能打断原来的工作,发光二极管为何按一定频率闪烁,等等。通过再分析,能够使学生清楚每一次任务当中的具体学习内容,充分调动和发挥学生学习的积极性、主动性。其间,教师要注意适当引导。这种依靠大家集思广益、团队协作的精神也是需要培养的,同时还有助于温故知新。

0000H ~ 0015H 地址单元中

机器码	地址	程序			
ORG	0000H	;表示程序从地址 0000H 存放			
75 90 00	0000H	START:	MOV	P1,#00H	
11 17	0003H	ACALL	DELAY	;延时一段时间,便于观察	
75 90 FF	0005H	MOV	P1,#0FFH		
11 17	0008H	ACALL	DELAY	;延时	
80 E9	000AH	SJMP	START	;返回,从 START 开始重复	
7B FF	000CH	DELAY:	MOV	R3,#0FFH	;一段延时子程序

7C FF	000EH	DEL2:	MOV	R4,#0FFH
00	0010H	DEL1:	NOP	
DC FD	0011H		DJNZ	R4,DEL1
DB F9	0013H		DJNZ	R3,DEL2
22	0015H		RET	;子程序返回
			END	;表示程序结束

上列程序表由几部分组成。左边所列的一组十六进制数是机器码以及机器码在存储器中的存储地址(0000H～0015H)。机器码是计算机可以识别的语言,例如75,90,00等。这些是我们写入AT89S51的内容,它们是一段程序。

中间所列的是和机器码对应的源程序(一系列指令),例如:MOV P1,#00H。关于单片机的指令以及程序设计将在情境2中详细介绍,在后面的实训中也会重点讨论上述程序。

最右边所列的是对程序的简单说明,以便于阅读。程序下载到单片机可参照说明书。

(3)运行程序:将写好的AT89S51插入实训电路板相应位置,再接上电源,启动运行,观察8个发光二极管的亮灭状态。

4. 实训分析与总结

(1)实训结果是:实训电路板中的8个发光二极管按照全亮、全灭的规律不停地循环变化。

(2)本实训所涉及的电路可参见原理图:单片机的1～8引脚通过集成芯片74LS240(8个非门)接到8个发光二极管上。8个发光二极管的阳极通过一个限流电阻接+5V电源,8个阴极连在一起接地。单片机的这8个引脚对应其内部的一个并行I/O口-P1口(有关P1口的具体结构在正文中介绍)。这些是本实训所涉及的硬件部分。

从实训原理图可见,当P1口的某个引脚为低电平时,相应的发光二极管变亮;当P1口的某个引脚为高电平时,相应的发光二极管熄灭。这样,我们可以通过向P1口写入一个8位二进制数来改变每个管脚的电平状态。通过相应指令可以向P1口写入数据。

实训程序中的第一条指令 MOV P1,#00H(其中 # 表示其后面为常数,H表示其前面的常数为十六进制数,写成二进制形式为#00000000B,B表示二进制数)对应的机器码为75H 90H 00H,表示将数据00H送给P1口。这样,P1口的8个管脚状态与写入数据之间的关系如下:

写入数据位	D7	D6	D5	D4	D3	D2	D1	D0
	0	0	0	0	0	0	0	0
对应P1口管脚名称	P1.7	P1.6	P1.5	P1.4	P1.3	P1.2	P1.1	P1.0
管脚电平状态	低	低	低	低	低	低	低	低
发光二极管状态	亮	亮	亮	亮	亮	亮	亮	亮

所以,在通电运行后,发光二极管会出现全亮的状态。

同理,当执行程序中的第三条指令 MOV P1,# FFH(即#11111111B)时,发光二极管会全灭。

由此可见,我们可以通过软件——程序来完成对硬件电路的控制。

(3)实训中,我们事先将程序(机器码)正确地下载到单片机芯片中,接上电源后,发光二极管按照既定的规律亮灭。这说明,芯中的写入内容能够依次读出,并且送入单片机内部完成相应的功能,而这一切工作都是在单片机的控制下实现的,也就是说,单片机在执行机器码。

（4）本实训中，机器码写在了单片机片内的 flash 中，当内部存储器容量够用时，就不必外接 ROM 了。

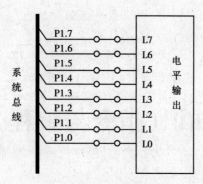

图 1.14　实训原理图

经过实训后，学生应该思考，这程序是如何写出来的呢？我们可以写出完成各种功能的程序吗？如何学习？就可以给学生介绍下一个学习任务——指令和程序，见学习情境二。

学习情境 **2**

单片机的软件知识(指令与编程)

任务一 MCS—51 单片机指令认识

> 知识点及目标:单片机是靠存储器中的程序去控制外设的,但程序是如何写出来的呢? 是通过一条条指令组成的。指令是人们给计算机下达的命令,我们要学习指令的格式及功能。
>
> 能力点及目标:学习 MCS—51 单片机的所有汇编指令,并能用指令完成一定任务。

 任务描述

单片机的基本指令共有 111 条,44 个助记符,我们的任务是把这些指令通过学习熟练地运用起来。

 任务分析

指令是相对于 MCS—51 单片机的,在学习中只有多记多练才能学好,本学习阶段要求每位学员要多练,多看,多读。

 相关知识

一、指令概述

通过实训了解到,计算机能够按照人的意愿工作,是因为人们给了它相应命令。这些命令是由计算机所能识别的指令组成的。指令是 CPU 用于控制功能部件完成某一指定动作的指示和命令。

一台微机所具有的所有指令的集合，就构成了指令系统。指令系统越丰富，说明 CPU 的功能越强。例如，Z80 CPU 中，没有乘法和除法指令，乘法和除法运算必须用软件来实现，因此执行速度相对较慢；而 MCS—51 单片机提供了乘法和除法指令，实现乘法和除法运算时就要快得多。

一台微机能执行什么样的操作，是在微机设计时确定的。一条指令对应着一种基本操作。由于计算机只能识别二进制数，所以指令也必须用二进制形式来表示，称为指令的机器码或机器指令。

MCS—51 单片机指令系统共有 33 种功能、42 种助记符、111 条指令。

二、指令格式

在前面实训中看到，不同指令翻译成机器码后字节数也不一定相同。按照机器码个数，指令可以分为以下 3 种：

单字节指令　操作码

双字节指令　操作码　操作数或操作数地址

三字节指令　操作码　目的操作数地址　源操作数或操作数地址

MCS—51 单片机指令系统包括 49 条单字节指令、46 条双字节指令和 16 条三字节指令。

采用助记符表示的汇编语言指令格式如下：

标号	操作码	操作数或操作数地址	注释

标号是程序员根据编程需要给指令设定的符号地址，可有可无；标号由 1~8 个字符组成，第一个字符必须是英文字，不能是数字或其他符号；标号后必须用冒号。

操作码表示指令的操作种类，如 MOV 表示数据传送操作，ADD 表示加法操作等。

操作数或操作数地址表示参加运算的数据或数据的有效地址。操作数一般有以下几种形式：没有操作数项，操作数隐含在操作码中，如 RET 指令；只有一个操作数，如 CPL A 指令；有两个操作数，如 MOV A,#00H 指令，操作数之间以逗号相隔；有 3 个操作数，如 CJNE A,#00H,NEXT 指令，操作数之间也要用逗号相隔。

注释是对指令的解释说明，用以提高程序的可读性；注释前必须加分号。

三 、寻址方式

操作数是指令的重要组成部分，指出了参与操作的数据或数据的地址。寻找操作数地址的方式称为寻址方式。一条指令采用什么样的寻址方式，是由指令的功能决定的。寻址方式越多，指令功能就越强。

MCS—51 指令系统共使用了 7 种寻址方式，包括寄存器寻址、直接寻址、立即数寻址、寄存器间接寻址、变址寻址、相对寻址和位寻址等。实训中，我们初步接触了寄存器寻址、立即数寻址、直接寻址和寄存器间接寻址等 4 种寻址方式。

1. 寄存器寻址

寄存器寻址是指将操作数存放于寄存器中，寄存器包括工作寄存器 R0~R7，累加器 A，地址寄存器 DPTR 等。例如,指令 MOV R1,A 的操作是把累加器 A 中的数据传送到寄存器 R1 中,其操作数存放在累加器 A 中,所以寻址方式为寄存器寻址。

如果程序状态寄存器 PSW 的 RS1RS0 = 01(选中第二组工作寄存器,对应地址为 08H ~ 0FH),设累加器 A 的内容为 20H,则执行 MOV R1,A 指令后,内部 RAM 09H 单元的值就变为 20H,如图 2.1 所示。

实训 3 中,采用寄存器寻址的指令如下:

MOV　P1,A　;将累加器 A 的内容送到 P1 口

MOV　P1,R4　;将寄存器 R4 的内容送到 P1 口

CLR　A　　;将累加器 A 清 0

CPL　A　　;将累加器 A 中的内容取反

RL　　A　　;将累加器 A 的内容循环左移

2. 直接寻址

直接寻址是指把存放操作数的内存单元的地址直接写在指令中。在 MCS—51 单片机中,可以直接寻址的存储器主要有内部 RAM 区和特殊功能寄存器 SFR 区。

例如,指令 MOV A,3AH 执行的操作是将内部 RAM 中地址为 3AH 的单元内容传送到累加器 A 中,其操作数 3AH 就是存放数据的单元地址,因此该指令是直接寻址。

设内部 RAM 3AH 单元的内容是 88H,那么指令 MOV A,3AH 的执行过程如图 2.2 所示。

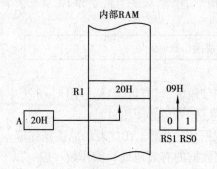

图 2.1　寄存器寻址示意图　　　　图 2.2　直接寻址示意图

实训 3 中,采用直接寻址的指令如下:

MOV　P1,20H　;将 20H 单元的内容传送到 P1 口

3. 立即数寻址

立即数寻址是指将操作数直接写在指令中。

例如,指令 MOV A,#3AH 执行的操作是将立即数 3AH 送到累加器 A 中,该指令就是立即数寻址。注意:立即数前面必须加 "#"号,以区别立即数和直接地址。该指令的执行过程如图 2.3 所示。

在实训中,采用立即数寻址的指令如下:

MOV　P1,#55H　　;将立即数 55H 送 P1 口

MOV　20H,#55　　;将立即数 55H 送 20H 单元

MOV　A,#0F0H　　;将立即数 0F0H 送累加器 A

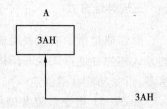

图 2.3　立即寻址示意图

MOV	R4,#0FH	;将立即数 0FH 送寄存器 R4 中
MOV	R0,#20H	;将立即数 20H 送寄存器 R0 口
ANL	A,#0FH	;累加器 A 的内容与立即数 0FH 进行逻辑与操作
OR	A,#0F0H	;累加器 A 的内容与立即数 0F0H 进行逻辑或操作
MOV	A,#01H	;将立即数 01H 送累加器 A 中
MOV	A,#55H	;将立即数 55H 送累加器 A 中

4.寄存器间接寻址

寄存器间接寻址是指将存放操作数的内存单元的地址放在寄存器中,指令中只给出该寄存器。执行指令时,首先根据寄存器的内容,找到所需要的操作数地址,再由该地址找到操作数并完成相应操作。

在 MCS—51 指令系统中,用于寄存器间接寻址的寄存器有 R0、R1 和 DPTR,称为寄存器间接寻址寄存器。

注意:间接寻址寄存器前面必须加上符号"@"。例如,指令 MOV A,@R0 执行的操作是将 R0 的内容作为内部 RAM 的地址,再将该地址单元中的内容取出来送到累加器 A 中。

设 R0 = 3AH,内部 RAM 3AH 中的值是 65H,则指令 MOV A,@ R0 的执行结果是累加器 A 的值为 65H,该指令的执行过程如图 2.4 所示。

实训 3 中,采用寄存器间接寻址的指令如下:

MOV P1,@ R0;将 R0 所指的存储单元的内容送 P1 口

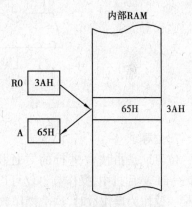

图 2.4　寄存器寻址示意图

5.变址寻址

变址寻址是指将基址寄存器与变址寄存器的内容相加,结果作为操作数的地址。DPTR 或 PC 是基址寄存器,累加器 A 是变址寄存器。该类寻址方式主要用于查表操作。

例如,指令 MOVC A,@ A + DPTR 执行的操作是将累加器 A 和基址寄存器 DPTR 的内容相加,相加结果作为操作数存放的地址,再将操作数取出来送到累加器 A 中。

设累加器 A = 02H,DPTR = 0300H,外部 ROM 中,0302H 单元的内容是 55H,则指令 MOVC A,@ A + DPTR 的执行结果是累加器 A 的内容为 55H。该指令的执行过程如图 2.5 所示。

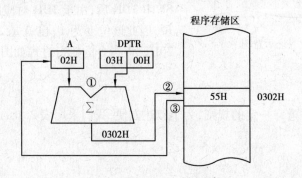

图 2.5　变址寻址示意图

6. 相对寻址

相对寻址是指程序计数器 PC 的当前内容与指令中的操作数相加,其结果作为跳转指令的转移地址(也称目的地址)。该类寻址方式主要用于跳转指令。

例如,指令 SJMP 54H 执行的操作是将 PC 当前的内容与 54H 相加,结果再送回 PC 中,成为下一条将要执行指令的地址。

设指令 SJMP 54H 的机器码 80H 54H 存放在 2000H 处,当执行到该指令时,先从 2000H 和 2001H 单元取出指令,PC 自动变为 2002H;再把 PC 的内容与操作数 54H 相加,形成目标地址 2056H,再送回 PC,使得程序跳转到 2056H 单元继续执行。该指令的执行过程如图 2.6 所示。

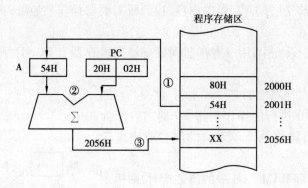

图 2.6　相对寻址示意图

7. 位寻址

位寻址是指按位进行的寻址操作,而上述介绍的指令都是按字节进行的寻址操作。MCS—51 单片机中,操作数不仅可以按字节为单位进行操作,也可以按位进行操作。当我们把某一位作为操作数时,这个操作数的地址即称为位地址。

位寻址区包括专门安排在内部 RAM 中的两个区域:一是内部 RAM 的位寻址区,地址范围是 20H ~ 2FH,共 16 个 RAM 单元,位地址为 00H ~ 7FH;二是特殊功能寄存器 SFR 中有 11 个寄存器可以位寻址,参见学习情境 1 中位地址定义。

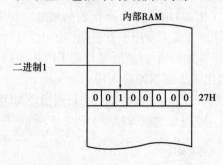

图 2.7　位寻址示意图

例如,指令 SETB 3DH 执行的操作是将内部 RAM 位寻址区中的 3DH 位置 1。

设内部 RAM 27H 单元的内容是 00H,执行 SETB 3DH 后,由于 3DH 对应内部 RAM 27H 的第 5 位,因此该位变为 1,也就是 27H 单元的内容变为 20H。该指令的执行过程如图 2.7 所示。

四、指令

指令的书写必须遵守一定的规则,为了叙述方便,我们采用表 2.1 的约定。

表 2.1 指令描述约定

符 号	含 义
Rn	表示当前选定寄存器组的工作寄存器 R0 ~ R7
@ Ri	表示作为间接寻址的地址指针 R0 ~ R1
#data	表示 8 位立即数,即 00H ~ FFH
#data16	表示 16 位立即数,即 0000H ~ FFFFH
Addrs16	表示 16 位地址,用于 64 K 范围内寻址
Addrs11	表示 11 位地址,用于 2 K 范围内寻址
direct	8 位直接地址,可以是内部 RAM 区的某一单元或某一专用功能寄存器的符号
reil	带符号的 8 位偏移量(-128 ~ +127)
Bit	位寻址区的直接寻址位
(x)	X 地址单元中的内容,或 X 作为间接寻址寄存器时所指单元的内容
←	将 ← 后面的内容传送到前面去

1. 数据传送类指令

数据传送指令是 MCS—51 单片机汇编语言程序设计中使用最频繁的指令,包括内部 RAM、寄存器、外部 RAM 以及程序存储器之间的数据传送。

数据传送操作是指把数据从源地址复制并传送到目的地址,源地址内容不变,如图 2.8 所示。

1)内部 8 位数据传送指令(15 条)

内部 8 位数据传送指令共 15 条,主要用于 MCS—51 单片机内部 RAM 与寄存器之间数据的复制传送。指令基本格式:

MOV <目的操作数> , <源操作数>

(1)以累加器 A 为目的地址的传送指令,见表 2.2(4 条)

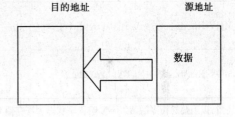

图 2.8 传送指令示意图

表 2.2 以 A 为目的传送指令

助记符格式	机器码(B)	相应操作	指令说明	机器周期
MOV A,Rn	11101rrr	A←Rn	n = 0 ~ 7, rrr = 000 ~ 111	1
MOV A,direct	11100101 direct	A←(direct)		1
MOV A,@ Ri	1110011i	A←(Ri)	i = 0,1	1
MOV A,#data	01110100 data	A←#data		1

注意:以上传送指令的结果均影响程序状态字寄存器 PSW 的 P 标志。

例 2.1 已知相应单元的内容如下,请指出每条指令执行后相应单元内容的变化。

累加器 A	30H
寄存器 R0	40H
内部 RAM:30H	50H
内部 RAM:40H	20H

MOV A,#20H

MOV A,40H

MOV A,R0

MOV A,@ R0

解　MOV A,#20H 执行后 A = 20H。

　　MOV A,40H 执行后 A = 20H。

　　MOV A,R0 执行后 A = 40H。

　　MOV A,@ R0 执行后 A = 20H。

（2）以 Rn 为目的地址的传送指令,见表2.3(3 条)

表2.3　以 Rn 为目的地址的传送指令

助记符格式	机器码(B)	相应操作	指令说明	机器周期
MOV Rn,A	11111rrr	Rn←A	$n = 0 \sim 7$, rrr = 000 ~ 111	1
MOV Rn,direct	10101rrr direct	Rn←(direct	$n = 0 \sim 7$, rrr = 000 ~ 111	1
MOV Rn,#data	01111rrr data	Rn→#data	$n = 0 \sim 7$, rrr = 000 ~ 111	1

注意:以上传送指令的结果不影响程序状态字寄存器 PSW 标志。

（3）以直接地址为目的地址的传送指令,见表2.4(5 条)

表2.4　以直接地址为目的地址的传送指令

助记符格式	机器码(B)	相应操作	指令说明	机器周期
MOV direct,A	11111010 direct	(direct)←A		1
MOV direct,Rn	10001rrr direct	(direct)←Rn	n = 0 ~ 7, rrr = 000 ~ 11	1
MOV direct2, direct1	10000101direct1	(direct2)← direct1		2
MOVdirect,@ Ri	1000011i direct	(direct)←(Ri)	i = 0,1	2
MOV direct,#data	01110101 direct data	(direct)←#data		2

注意:以上传送指令的结果不影响程序状态字寄存器 PSW 标志。

(4)以寄存器间接地址为目的地址的传送指令,见表2.5(3 条)

表2.5　以间接地址为目的地址的传送指令

助记符格式	机器码(B)	相应操作	指令说明	机器周期
MOV@ Ri,A	1111011i	(Ri)←A	i =0,1	1
MOV@ Ri,direct	1110011i direct	(Ri)←(direct)		2
MOV @ Ri,#data	0111010i data	(Ri)←#data		1

注意:以上传送指令的结果不影响程序状态字寄存器 PSW 标志。

例2.2　已知相应单元的内容如下,指出下列指令执行后各单元内容相应的变化。

寄存器 R0	50H
寄存器 R1	60H
寄存器 R6	30H
内部 RAM:50H	78H
内部 RAM:60H	89H
内部 RAM:70H	9AH

MOV A,R6

MOV R6,70H

MOV 70H,50H

MOV 60H,@ R0

MOV @ R1,#88H

解　MOV A,R6　　　　　执行后 A =30H。

　　MOV R6,70H　　　　执行后 R6 =9AH。

　　MOV 70H,50H　　　执行后(70H)=78H。

　　MOV 40H,@ R0　　　执行后(40H)=78H。

　　MOV @ R1,#88H　　执行后(60H)=88H。

2)16 位数据传送指令,见表2.6(1 条)

表2.6　16 位数据传送指令

助记符格式	机器码(B)	相应操作	指令说明	机器周期
MOV DPTR, # data16	10010000 data15 ~8 data7 ~0	(DPTR)←#data16	把16 位常数装入数据指针	2

注意:以上指令结果不影响程序状态字寄存器 PSW 标志。

3)外部数据传送指令,见表2.7(4 条)

表2.7　外部数据传送指令

助记符格式	机器码(B)	相应操作	指令说明	机器周期
MOVX A,@DPTR	11100000	A←(DPTR)	把DPTR所对应的外部RAM地址中的内容传送给累加器A	2
MOVX A,@Ri	1110001i	A←(Ri)	i=0,1	2
MOVX @DPTR,A	11110000	(DPTR)←A	结果不影响P标志	2
MOVX @Ri,A	1110001i	(Ri)←A	i=0,1,结果不影响P标志	2

注意:①外部RAM只能通过累加器A进行数据传送。

②累加器A与外部RAM之间传送数据时只能间接寻址方式,间接寻址寄存器为DPTR,R0,R1。

③以上传送指令结果通常影响程序状态字寄存器PSW的P标志。

例2.3 把外部数据存储器3040H单元中的数据传送到外部数据存储器1560H单元中去。

解 MOV DPTR,#3040H ;建立地址

　　MOVX A,@DPTR 　　;先将3040H单元的内容传送到累加器A中

　　MOV DPTR,#1560H ;建立地址

　　MOVX @DPTR,A 　　;再将累加器A中的内容传送到1560H单元中

2.交换和查表类指令(9条)

1)字节交换指令,见表2.8(3条)

表2.8　字节交换指令

助记符格式	机器码(B)	相应操作	指令说明	机器周期
XCH A,Rn	11001rrr	A↔Rn	A与Rn内容互换	1
XCH A, direct	11000101 direct	A↔(direct)	A与direct内容互换	1
XCH A,@Ri	1100011i	A↔(Ri)	i=0,1	1

注意:以上指令结果影响程序状态字寄存器PSW的P标志。

2)半字节交换指令,见表2.9(1条)

表2.9　半字节交换指令

助记符格式	机器码(B)	相应操作	指令说明	机器周期
XCHD A,@Ri	1101011i	A3~0↔(Ri)3~0	低4位交换,高4位不变	1

注意:上面指令结果影响程序状态字寄存器PSW的P标志。

3)累加器A中高4位和低4位交换,见表2.10(1条)

表 2.10　累加器 A 中高 4 位和低 4 位交换指令

助记符格式	机器码(B)	相应操作	指令说明	机器周期
SWAP A	11000100	A3 ~ 0↔A7 ~ 4	高、低 4 位互相交换	1

注意:上面指令结果不影响程序状态字寄存器 PSW 标志。

例 2.4　设内部数据存储区 20H、21H 单元中连续存放有 4 个 BCD 码(1 个 BCD 码占半个字节)分析下列程序

解　MOV R0,#20H　　;将立即数 2AH 传送到寄存器 R0 中

　　　MOV A,@ R0　　;将 20H 单元的内容传送到累加器 A 中

　　　SWAP A　　　;将累加器 A 中的高 4 位与低 4 位交换

　　　MOV @ R0,A　　;将累加器 A 的内容传送到 20H 单元中

　　　MOV R1,#21H

　　　MOV A,@ R1　　;将 21H 单元的内容传送到累加器 A 中

　　　SWAP A　　　;将累加器 A 中的高 4 位与低 4 位交换

　　　XCH A,@ R0　　;将累加器 A 中的内容与 20H 单元的内容交换

　　　MOV @ R1,A　　;累加器 A 的内容传送到 21H 单元

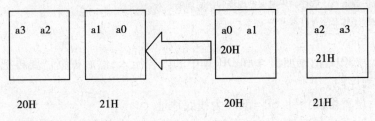

4)查表指令,见表 2.11(2 条)

表 2.11　查表指令

助记符格式	机器码(B)	相应操作	指令说明	机器周期
MOVC A,@ A + PC	10000011	A ←(A + PC)	A + PC 所指外部程序存储单元的值送 A	2
MOVC A,@ A + DPTR	11000101 direct	A←(A + DPTR)	A + DPTR 所指外部程序存储单元的值送 A	2

注意:①以上指令结果影响程序状态字寄存器 PSW 的 P 标志。

　　②查表指令用于查找存放在程序存储器中的表格。

5）堆栈操作指令，见表2.12(2条)

表2.12　堆栈指令表

助记符格式	机器码(B)	相应操作	指令说明	机器周期
PUSH direct	11000000 direct	SP←SP+1 (SP)←(direct)	将SP加1，然后将源地址单元中的数传送到SP所指示的单元中去	2
POP direct	11010000 direct	(direct)←(SP) SP←SP−1	将SP所指示的单元中的数传送到direct地址单元中，然后SP←SP−1	2

注意：①堆栈是用户自己设定的内部RAM中的一块专用存储区，使用时一定先设堆栈指针，堆栈指针缺省为SP=07H。

②堆栈遵循后进先出的原则安排数据。

③堆栈操作必须是字节操作，且只能直接寻址。将累加器A入栈、出栈指令可以写成：

PUSH/POP ACC 或 PUSH/POP 0E0H

而不能写成：

PUSH/POP A

④堆栈通常用于临时保护数据及子程序调用时保护现场和恢复现场。

⑤以上指令结果不影响程序状态字寄存器PSW标志。

例2.5　设堆栈指针为30H，把累加器A和DPTR中的内容压入，然后根据需要再把它们弹出，编写实现该功能的程序段。

解　MOV SP,#30H　;设置堆栈指针，SP=30H为栈底地址

PUSH ACC　　　;SP+1→SP,SP=31H,ACC→(SP)

PUSH DPH　　　;SP+1→SP,SP=32H,DPH→(SP)

PUSH DPL　　　;SP+1→SP,SP=33H,DPL→(SP)

　　　…

POP　　DPL　　;(SP)→DPL,SP-SP,SP=32H

POP　　DPH　　;(SP)→DPH,SP-SP,SP=31H

POP　　ACC　　;(SP)→ACC,SP-SP,SP=30H

3.算术运算类指令

1）加法指令，见表2.13(8条)

表2.13　加法指令表

助记符格式	机器码(B)	相应操作	指令说明	机器周期
ADD A,Rn	00101rrr	A←A+Rn	n=0~7, rrr=000~111	1
ADD A, direct	00100101	A←A+(direct)		1
ADD A,@Ri	0010011i	A←A+(Ri)	i=0,1	1
ADD A,#data	00100100 data	A←A+#data		1

续表

助记符格式	机器码(B)	相应操作	指令说明	机器周期
ADDC A,Rn	00110101 direct	A←A + Rn + CY	n = 0 ~ 7,rrr = 000 ~ 11	1
ADDC A,direct	0011011i	A←A + (direct) + CY		1
ADDC A,@ Ri	0011011i	A←A + (Ri) + CY	i = 0,1	1
ADDC A,#data	00110100 data	A←A + #data + C		1

注意:①ADD 与 ADDC 的区别为是否加进位位 CY。

②指令执行结果均在累加器 A 中。

③以上指令结果均影响程序状态字寄存器 PSW 的 CY、OV、AC 和 P 标志。

2)减法指令,见表2.14(4 条)

表2.14 减法指令

助记符格式	机器码(B)	相应操作	指令说明	机器周期
SUBB A,Rn	00101rrr	A←A − Rn	n = 0 ~ 7,rrr = 000 ~ 111	1
SUBBA,direct	00100101	A←A − (direct) − CY		1
SUBB A,@ Ri	0010011i	A←A − (Ri) − CY	i = 0,1	1
SUBB A,#data	00100100 data	A←A − #data − CY		1

注意:①减法指令中没有不带借位的减法指令,所以在需要时,必须先将 CY 清 0。

②指令执行结果均在累加器 A 中。

③减法指令结果影响程序状态字寄存器 PSW 的 CY、OV、AC 和 P 标志。

例 2.6 编写计算 1254H + 07EFH 的程序,将结果存入内部 RAM 31H 和 30H 单元,30H 存低 8 位,31H 存高 8 位。

解 单片机指令系统中只提供了 8 位的加减法运算指令,两个 16 位数(双字节)相加可分为两步进行,第一步先对低 8 位相加,第二步再对高 8 位相加。

高8位　低8位

$\cdot$ 1 2　5 4 H　① 54H + EFH = 43H 进位1

+0 7　E F H　② 12H + 07H + 1 = 1AH

1 A　4 3

进位　1　1 1

②　①

加法指令　　ADDC ADD

35

程序如下：

```
MOV    A,#54H      ;被加数低 8 位→A
ADD    A,#0EFH     ;加数低 8 位 EFH 与之相加,A = 43H,CY = 1
MOV    30H,A       ;A→(40H),存低 8 位结果
MOV    A,#12H      ;被加数高 8 位→AADDC
ADDC   A,#07H      ;加数高 8 位 + A + CY,A = 1AH
MOV    31H,A       ;存高 8 位运算结果
```

3）BCD 码调整指令,见表 2.15（1 条）

表 2.15 BCD 码调整指令

助记符格式	机器码（B）	指令说明	机器周期
DA A	11010100	BCD 码加法调整指令	1

注意：① 结果影响程序状态字寄存器 PSW 的 CY、OV、AC 和 P 标志。

②BCD（Binary Coded Decimal）码是用二进制形式表示十进制数,例如十进制数 45,其 BCD 码形式为 45H。BCD 码只是一种表示形式,与其数值没有关系。

BCD 码用 4 位二进制码表示一位十进制数,这 4 位二进制数的权为 8421,所以 BCD 码又称为 8421 码。十进制数码 0~9 所对应的二进制码如表 2.16 所示。

表 2.16 十进制数码与 BCD 码对应表

十进制数码	0	1	2	3	4	5	6	7	8	9
二进制码	0000	0001	0010	0011	0100	0101	0110	0111	1000	1001

在表 2.16 中,用 4 位二进制数表示一个十进制数位,例如 56D 和 87D 的 BCD 码表示为

```
0101 0110    (56D)
1000 0111    (87D)
0001 0100 0011   (143D)
```

（1）DAA 指令将 A 中的二进制码自动调整为 BCD 码。

（2）DAA 指令只能跟在 ADD 或 ADDC 加法指令后,不适用于减法。

例 2.7 说明指令 MOV A,#05H 和 ADD A,#08H 及 DA A 的执行结果。

解 MOV   A,#05H   ;05H→A
    ADD A,#08H   ;05H + 08H→A,A = 0DH
    DA   A   ;自动调整为 BCD 码,A = 13H

4）加 1 减 1 指令,见表 2.17（9 条）

表 2.17　加 1 减 1 指令

助记符格式	机器码(B)	相应操作	指令说明	机器周期
INC A	00000100	A←A + 1	影响 PSW 的 P 标志	1
INC Rn	00001rrr	Rn←Rn + 1	rrr = 000 ~ 111	1
INC direct	0101 direct	(direct)←(direct) + 1		1
INC @ Ri	0000011i	(Ri)←(Ri) + 1	i = 0,1	1
INC DPTR	10100011	DPTR←DPTR + 1		2
DEC A	00010100	A←A − 1	影响 PSW 的 P 标志	1
DEC Rn	00011rrr	Rn←Rn − 1	rrr = 000 ~ 111	1
DECdirect	00010101 direct	(direct)←(direct) + 1		1
DEC @ Ri	0001011i	(Ri)←(Ri) − 1	i = 0,1	1

注意:以上指令结果通常不影响程序状态字寄存器 PSW。

例 2.8　分别指出指令 INC R0 和 INC @ R0 的执行结果。设 R0 = 30H,(30H) = 00H。

解　INC R0 ;R0 + 1 = 30H + 1 = 31H→R0,R0 = 31H

　　INC@ R0;(R0) + 1 = (30H) + 1→(R0),(30H) = 01H,R0 中内容不变

5)乘法指令,见表 2.18(2 条)

表 2.18　乘法指令

助记符格式	机器码(B)	相应操作	指令说明	机器周期
MUL AB	10100100	BA←A * B	无符号数相乘, 高位存 B, 低位存 A	4

6)除法指令,见表 2.19(1 条)

表 2.19　除法指令

助记符格式	机器码(B)	相应操作	指令说明	机器周期
DIV AB	10000100	A←A/B 的商 B←A/B 的余数	无符号数相除, 商存 A,余数存 B	4

注意:①除法结果影响程序状态字寄存器 PSW 的 OV(除数为 0 则置 1,否则为 0)和 CY(总是清 0)以及 P 标志。

　　②当除数为 0 时结果不能确定。

4.逻辑运算及移位类指令

1)逻辑与指令,见表2.20(6条)

表 2.20 逻辑与指令

助记符格式	机器码(B)	相应操作	指令说明	机器周期
ANL A,direct	01010101 direct	A←A∧direct	按位相与	1
ANL A,Rn	01011rrr	A←A∧Rn	n = 0 ~ 7, rrr = 000 ~ 111	1
ANL A,@Ri	0101011i	A←A∧(Ri)		1
ANL A,#data	01010100 data	A←A∧#data		1
ANL direct,A	01010010 direct	(direct)←(direct)∧A	不影响 PSW 的 P 标志	1
ANL direct,#data	01010011 direct data	(direct)← (direct)∧#data	不影响 PSW 的 P 标志	2

注意:① 以上指令结果通常影响程序状态字寄存器 PSW 的 P 标志。

② 逻辑与指令通常用于将一个字节中的指定位清 0,其他位不变。

2)逻辑或指令,见表2.21(6条)

表 2.21 逻辑或指令

助记符格式	机器码(B)	相应操作	指令说明	机器周期
ORL A,direct	01010101 direct	A←A∨direct	按位相或	1
ORL A,Rn	01011rrr	A←A∨Rn	n = 0 ~ 7, rrr = 000 ~ 111	1
ORL A,@Ri	0101011i	A←A∨(Ri)		1
ORL A,#data	01010100 data	A←A∨#data		1
ORL direct,A	01010010 direct	(direct)←(direct)∨A	不影响 PSW 的 P 标志	1
ORL direct,#data	01010011 direct data	(direct)← (direct)∨#data	不影响 PSW 的 P 标志	2

注意:① 以上指令结果通常影响程序状态字寄存器 PSW 的 P 标志。

② 逻辑或指令通常用于将一个字节中的指定位置1,其余位不变。

3)逻辑异或指令,见表2.22(6条)

表 2.22　逻辑异或指令

助记符格式	机器码(B)	相应操作	指令说明	机器周期
XRL A,direct	01010101 direct	A←A⊕direct	按位相异或	1
XRL A,Rn	01011rrr	A←A⊕Rn	n = 0 ~ 7, rrr = 000 ~ 111	1
XRL A,@ Ri	0101011i	A←A⊕ (Ri)		1
XRL A,#data	01010100 data	A←A⊕#data		1
XRL direct,A	01010010 direct	(direct)←(direct) ⊕A	不影响 PSW 的 P 标志	1
XRL direct,#data	01010011 direct data	(direct)← (direct)⊕#data	不影响 PSW 的 P 标志	2

注意:①以上指令结果通常影响程序状态字寄存器 PSW 的 P 标志。

②"异或"原则是相同为 0,不同为 1。通常用于将一个字节中的指定位取反,其他位不变。

4)累加器 A 清 0 和取反指令,见表 2.23(2 条)

表 2.23　累加器 A 清 0 和取反指令

助记符格式	机器码(B)	相应操作	指令说明	机器周期
CLR A	11100100	A←00H	A 中内容清 0,影响 P 标志	1
CPL A	11110100	A←A 取反	A 中内容按位取反,影响 P 标志	1

5)循环移位指令,见表 2.24(4 条)

表 2.24　循环移位指令

助记符格式	机器码(B)	相应操作	指令说明	机器周期
RL A	00100011	← A7 ← A0 ←	循环左移	1
RLC A	00110011	CY—A7 ← A0	带进位循环左移,影响 CY 标志	1

续表

助记符格式	机器码（B）	相应操作	指令说明	机器周期
RR A	00000011	→A7→A0→	循环右移	1
RRC A	00010011	CY→A7→A0	带进位循环右移,影响CY标志	1

注意:执行带进位的循环移位指令之前,必须给CY置位或清0。

5. 控制转移类指令

控制转移类指令的本质是改变程序计数器PC的内容,从而改变程序的执行方向。控制转移指令分为:无条件转移指令、条件转移指令和调用/返回指令。

1)无条件转移指令(4条)

(1)长转移指令,见表2.25(1条)

表2.25　长转移指令

助记符格式	机器码（B）	相应操作	指令说明	机器周期
LJMP addr16	00000010 addr15~8 addr7~0	PC←addr16	程序跳转到地址为addr16开始的地方执行	2

注意:①该指令结果不影响程序状态字寄存器PSW。

②该指令可以转移到64 KB程序存储器中的任意位置。

(2)绝对转移指令,见表2.26(1条)

表2.26　绝对转移指令

助记符格式	机器码（B）	相应操作	指令说明	机器周期
AJMP addr16	a10a9a800001 addr7~0	PC10~0←addr11	程序跳转到地址为PC15~11addr11开始的地方执行,2 KB内绝对转移	2

注意:① 该指令结果不影响程序状态字寄存器PSW。

② 该指令转移范围是2 KB。

例 2.9　指令 KWR：AJMP KWR1 的执行结果。

解　设 KWR 标号地址 = 1030H,KWR1 标号地址 = 1100H,该指令执行后 PC 首先加 2 变为 1032H,然后由 1032H 的高 5 位和 1100H 的低 11 位拼装成新的 PC 值 0001000100000000B,即程序从 1100H 开始执行。

(3)相对转移指令,见表 2.27(1 条)

表 2.27　相对转移指令

助记符格式	机器码(B)	相应操作	指令说明	机器周期
SJMP rel	10000000 rel	PC←PC + rel	− 80H(− 128) ~ 7FH(127)短转移	2

注意:①该指令结果不影响程序状态字寄存器 PSW。

②该指令的转移范围是以本指令的下一条指令为中心的 − 128 ~ + 127 字节。

③在实际应用中,LJMP、AJMP 和 SJMP 后面的 addr16、addr11 或 rel 都是用标号来代替的,不一定写出它们的具体地址。

(4)间接寻址的无条件转移指令,见表 2.28(1 条)

表 2.28　间接寻址的无条件转移指令

助记符格式	机器码(B)	相应操作	指令说明	机器周期
JMP @ A + DPTR	01110011	PC←A + DPTR	64 KB 内相对转移	2

注意:①该指令结果不影响程序状态字寄存器 PSW。

②该指令通常用于散转(多分支)程序。

2)条件转移指令(8 条)

(1)累加器 A 判 0 指令,见表 2.29(2 条)

表 2.29　累加器 A 判 0 指令

助记符格式	机器码(B)	相应操作	机器周期
JZ rel	0110000	若 A = 0, 则 PC←PC + rel, 否则程序顺序执行	2
JNZ rel	01110000	若 A≠0, 则 PC←PC + rel, 否则程序顺序执行	2

注意:①以上指令结果不影响程序状态字寄存器 PSW。

②转移范围与指令 SJMP 相同。

（2）比较转移指令，见表2.30（4条）

表2.30　比较转移指令

助记符格式	机器码（B）	相应操作	机器周期
CJNE A,#data, rel	10110100 data rel	若 A≠#data，则 PC←PC + rel，否则顺序执行；若 A < #data，则 CY = 1，否则 CY = 0	2
CJNE Rn,#data, rel	10111rrr data rel	若 Rn≠#data，则 PC←PC + rel，否则顺序执行；若 Rn < #data，则 CY = 1，否则 CY = 0	2
CJNE @ Ri, #data,rel	1011011i data rel	若（Ri）≠#data，则 PC←PC + rel，否则顺序执行；若（Ri）< #data，则 CY = 1，否则 CY = 0	2
CJNE A, direct,rel	10110101 direct rel	若 A≠（direct），则 PC←PC + rel，否则顺序执行；若 A <（direct），则 CY = 1，否则 CY = 0	2

注意：①以上指令结果影响程序状态字寄存器 PSW 的 CY 标志。
　　　②转移范围与 SJMP 指令相同。

（3）减1非零转移指令，见表2.31（2条）

表2.31　减1非零转移指令

助记符格式	机器码（B）	相应操作	机器周期
DJNZ Rn,rel	11011rrr rel	Rn←Rn – 1，若 Rn≠0，则PC←PC + rel，否则顺序执行	2
DJNZ direct,rel	11010101 direct rel	（direct）←（direct）– 1，若（direct）≠0，则 PC←PC + rel，否则顺序执行	2

注意：①DJNZ 指令通常用于循环程序中控制循环次数。
　　　②转移范围与 SJMP 指令相同。
　　　③以上指令结果不影响程序状态字寄存器 PSW。

6.调用和返回指令（5条）

（1）绝对调用指令，见表2.32（1条）

表2.32　绝对调用指令

助记符格式	机器码（B）	相应操作	机器周期
ACALL addr11	a10a9a810001 addr7 ~ 0	PC←PC +2 SP←SP +1，(SP)←PC0 ~ 7 SP←SP +1，(SP)←PC8 ~ 15 PC0 ~ 10←addr11	2

注意：①该指令结果不影响程序状态字寄存器 PSW。
　　　②调用范围与 AJMP 指令相同。

(2)长调用指令,见表 2.33(1 条)

表 2.33　长调用指令

助记符格式	机器码(B)	相应操作	机器周期
LCALL addr16	00010010 addr15 ~ 8 addr7 ~ 0	PC←PC + 3 SP←SP + 1,SP←PC0 ~ 7 SP←SP + 1,SP←PC8 ~ 15 PC←addr16	2

注意:①该指令结果不影响程序状态字寄存器 PSW。
　　　②调用范围与 LJMP 指令相同。

(3)返回指令,见表 2.34(2 条)

表 2.34　返回指令

助记符格式	机器码(B)	相应操作	机器周期
RET	00100010	PC8 ~ 15←(SP), SP←SP - 1 PC0 ~ 7←(SP), SP←SP - 1 子程序返回指令	2
RETI	00110010	PC8 ~ 15←SP, SP←SP - 1 PC0 ~ 7←SP, SP←SP - 1 中断返回指令	2

注意:该指令结果不影响程序状态字寄存器 PSW。

(4)空操作指令,见表 2.35(1 条)

表 2.35　空操作指令

助记符格式	机器码(B)	相应操作	机器周期
NOP	00000000	空操作	消耗 1 个机器周期

注意:该指令结果不影响程序状态字寄存器 PSW。

7. 位操作类指令

位操作指令的操作数是"位",其取值只能是 0 或 1,故又称之为布尔操作指令。位操作指令的操作对象是片内 RAM 的位寻址区(即 20H ~ 2FH)和特殊功能寄存器 SFR 中的 11 个可位寻址的寄存器。片内 RAM 的 20H ~ 2FH 共 16 个单元 128 个位,我们为这 128 个位的每个位均定义一个名称:00H ~ 7FH,称为位地址,如表 2.36 所示。对于特殊功能寄存器 SFR 中可位寻址的寄存器的每个位也有名称定义,如表 2.37 所示。

表 2.36 片内 RAM 位寻址区的位地址分布

位地址/位名称								字节地址
D7	D6	D5	D4	D3	D2	D1	D0	
7F	7E	7D	7C	7B	7A	79	78	2FH
77	76	75	74	73	72	71	70	2EH
6F	6E	6D	6C	6B	6A	69	68	2DH
67	66	65	64	63	62	61	60	2CH
5F	5E	5D	5C	5B	5A	59	58	2BH
57	56	55	54	53	52	51	50	2AH
4F	4E	4D	4C	4B	4A	49	48	29H
47	46	45	44	43	42	41	40	28H
3F	3E	3D	3C	3B	3A	39	38	27H
37	36	35	34	33	32	31	30	26H
2F	2E	2D	2C	2B	2A	29	28	25H
27	26	25	24	23	22	21	20	24H
1F	1E	1D	1C	1B	1A	19	18	23H
17	16	15	14	13	12	11	10	22H
0F	0E	0D	0C	0B	0A	09	08	21H
07	06	05	04	03	02	01	00	20H

表 2.37 SFR 中的位地址分布

SFR 名称	位地址/位名称								字节地址
	D7	D6	D5	D4	D3	D2	D1	D0	
B	F7H	F6H	F5H	F4H	F3H	F2H	F1H	F0H	F0H
ACC	E7H	E6H	E5H	E4H	E3H	E2H	E1H	E0H	E0H
	ACC.7	ACC.6	ACC.5	ACC.4	ACC.3	ACC.2	ACC.1	ACC.0	
PSW	D7H	D6H	D5H	D4H	D3H	D2H	D1H	D0H	E0H
	CY	AC	F0	RS1	RS0	OV	F1	P	
IP	BFH	BEH	BDH	BCH	BBH	BAH	B9H	B8H	B8H
	—	—	—	PS	PT1	PX1	PT0	PX0	
P3	B7H	B6H	B5H	B4H	B3H	B2H	B1H	B0H	B0H

续表

SFR 名称	位地址/位名称								字节地址
	P3.7	P3.6	P3.5	P3.4	P3.3	P3.2	P3.1	P3.0	
IE	AFH	AEH	ADH	ACH	ABH	AAH	A9H	A8H	A8H
	EA	—	—	ES	ET1	EX1	ET0	EX0	
P2	A7H	A6H	A5H	A4H	A3H	A2H	A1H	A0H	A0H
	P2.7	P2.6	P2.5	P2.4	P2.3	P2.2	P2.1	P2.0	
SCON	9FH	9EH	9DH	9CH	9BH	9AH	99H	98H	98H
	SM0	SM1	SM2	REN	TB8	RB8	TI	RI	
P1	97H	96H	95H	94H	93H	92H	91H	90H	90H
	P1.7	P1.6	P1.5	P1.4	P1.3	P1.2	P1.1	P1.0	
TCON	8FH	8EH	8DH	8CH	8BH	8AH	89H	88H	88H
	TF1	TR1	TF0	TR0	IE1	IT1	IE0	IT0	
P0	87H	86H	85H	84H	83H	82H	81H	80H	80H
	P0.7	P0.6	P0.5	P0.4	P0.3	P0.2	P0.1	P0.0	

对于位寻址,有以下3种不同的写法。

第一种是直接地址写法,如 MOV C, 0D2H,其中,0D2H 表示 PSW 中的 OV 位地址。

第二种是点操作符写法,如 MOV C, 0D0H.2。

第三种是位名称写法,在指令格式中直接采用位定义名称,这种方式只适用于可以位寻址的 SFR,如 MOV C,OV。

1)位传送指令,见表2.38(2 条)

表2.38　位传送指令

助记符格式	机器码(B)	相应操作	指令说明	机器周期
MOV C,bit	10100010	CY←bit	位传送指令,结果影响 CY 标志	2
MOV bit,C	10010010	bit←CY	位传送指令,结果不影响 PSW	2

注意:位传送指令的操作数中必须有一个是进位位 C,不能在其他两个位之间直接传送。进位位 C 也称为位累加器。

2)位置位和位清零指令,见表2.39(4条)

表2.39 位置位和位清零指令

助记符格式	机器码(B)	相应操作	指令说明	机器周期
CLR C	11000011	CY←0	位清0指令,结果影响CY标志	2
CLR bit	11000010 bit	bit←0	位清0指令,结果不影响PSW	2
SETB C	11010011 data rel	CY←1	位置1指令,结果影响CY标志	2
SETB bit	11010010 bit	bit←1	位置1指令,结果不影响PSW	2

3)位运算指令,见表2.40(6条)

表2.40 位运算指令

助记符格式	机器码(B)	相应操作	指令说明	机器周期
ANL C,bit	10000010 bit	CY←CY∧bit	位与指令	2
ANL C/bit	10110010 bit	CY←CY∧/bit	位与指令	2
ORL C,bit	01110010 bit	CY←CY∨bit	位或指令	2
ORL C/bit	10100010 bit	CY←CY∨/bit	位或指令	2
CPL C	10110011	CY←/CY	位取反指令	2
CPL bit	10110010	CY←/bit	位取反指令,结果不影响CY	2

4)位条件判断转移指令,见表2.41(3条)

表2.41 位条件判断转移指令

助记符格式	机器码(B)	相应操作	机器周期
JB bit,rel	00100000 bit rel	若bit=1,则PC←PC+rel,否则顺序执行	2
JNB bit,rel	00110000 bit rel	若bit=0,则PC←PC+rel,否则顺序执行	2
JBC bit,rel	00010000 bit rel	若bit=1,则PC←PC+rel,bit←0,否则顺序执行	2

注意:①JBC与JB指令的区别是:前者转移后并把寻址位清0,后者只转移不清0寻址位。

②以上指令结果不影响程序状态字寄存器PSW。

5)判 CY 标志指令,见表 2.42(2 条)

表 2.42　判 CY 标志指令

助记符格式	机器码(B)	相应操作	机器周期
JC rel	01000000	若 CY = 0,则 PC←PC + rel,否则顺序执行	2
JNC rel	01010000	若 CY ≠ 0,则 PC←PC + rel,否则顺序执行	2

例 2.10　用位操作指令编程计算逻辑方程 P1.7 = ACC.0 × (B.0 + P2.1) + C,其中" + "表示逻辑或,"×"表示逻辑与。

解　程序段如下:

MOV　C,B.0　　;B.0→C
ORL　C,P2.1　;C 或 P2.1→C
ANL　C,ACC.0　;C 与 ACC.0→C,即 ACC.0 × (B.0 + P2.1)→C
ORL　C,/P3.2　;C 或/P3.2,即 ACC.0 × (B.0 + P2.1) + C→C
MOV　P1.7,C　;C→P1.7

任务巩固

1.简述 80C51 汇编语言指令格式?

2.设内部 RAM 中 59H 单元的内容为 50H,写出当执行下列程序段后寄存器 A,R0 和内部 RAM 中 50H,51H 单元的内容为何值?

MOV A, 59H
MOV R0, A
MOV A, #00H
MOV @ R0, A
MOV A, #25H
MOV 51H, A
MOV 52H, #70H

3.已知(A) = 83H,(R0) = 17H,(17H) = 34H。请写出执行完下列程序段后 A 的内容。

ANLA,#17H
ORL17H, A
XRLA, @ R0
CPLA

4.使用位操作指令实现下列逻辑操作,要求不得改变未涉及位的内容。

(1)使 ACC.0 置 1;

(2)清除累加器高 4 位;

（3）清除 ACC.3，ACC.4，ACC.5，ACC.6。

5. 30H 与#30H 有什么区别?

6. 什么是寻址方式? 80C51 单片机指令系统有几种寻址方式? 试述各种寻址方式所能访问的存储空间?

7. 请按下列要求传送数据:

（1）将 R0 中的数据传送到 30H 中。

（2）将 R0 中的数据传送到 R7。

（3）将 R0 中的数据传送到 B。

（4）将 40H 中的数据传送到 50H。

（5）将 40H 中的数据传送到 R2。

（6）将 40H 中的数据传送到 B。

（7）将立即数 40H 传送到 R5。

（8）将立即数 40H 传送到 40H。

（9）将立即数 40H 传送到以 R1 中内容位地址的存储单元中。

（10）将 40H 中的数据传送到以 R1 中内容为地址的存储单元中。

（11）将 R6 中的数据送到以 R1 中内容为地址的存储单元中。

（12）将 R6 中的数据送到以 R_0 中内容为地址的存储单元中。

8. 若 A = ABH，R0 = 34H，(34H) = CDH，(56H) = EFH，求分别执行下列指令后的结果。

（1）XCH A,R0

（2）XCH A,@ R0

（3）XCH A,56H

（4）XCHD A,@ R0

（5）SWAP A

9. 试分析下列程序段,当程序执行后,位地址 00H,01H 中的内容为何值? P1 口的 8 条 I/O 线为何状态?

```
CLR C
MOV A, #66H
JC LOOP1
CPL C
SETB 01H
LOOP1: ORL C, ACC.0
JB ACC.2, LOOP2
CLR 00H
LOOP2: MOV P1, A
```

任务二　MCS—51单片机的汇编程序设计

> 知识点及目标:将所学指令组成能完成一定功能的程序,就像我们学会了认字,但不一定会写文章一样,必须通过多练、多写、多读并系统掌握一定方法,才能编写一定的程序。要学会写基本的几种程序。
>
> 能力点及目标:能利用所学的指令编写最基本的程序,能读懂程序,能根据写好的程序作一定程度的修改。

 任务描述

学习编写程序的基本方法,并利用实验设备对程序进行调试,要求掌握对编译工具的应用方法。这对以后的单片机应用与维护是非常重要的。

 任务分析

通过单片机应用的实际情况,每个同学根据自己情况,不同程度地掌握知识。不同层次的学生要求学习的难易程度不同,教师在教学中要注意。根据学生的层次状况要求学生完成不同的实训项目。

A(最难)层次:能读懂程序,能用软件编译程序,排除语法错误后下载到单片机,能灵活运用指令编写一些实用程序;完成独立编写实训题目的程序并使整个应用系统运行考虑起来。(独立完成实训4)

B(中等):能读懂程序,能用软件编译程序,排除语法错误后下载到单片机,并能按要求做一定的修改;根据已经编好的程序,做一定修改后再让单片机按要求运行起来。(独立完成实训2,实训3)

C(最低)能读懂程序,能用软件编译程序,排除语法错误后下载到单片机。根据已经编好的程序,运用工具,让单片机按要求运行起来。(独立完成实训2)

 相关知识

一、汇编语言程序的设计

1. 常用伪指令

单片机汇编语言程序设计中,除了使用指令系统规定的指令外,还要用到一些伪指令。伪指令又称指示性指令,具有和指令类似的形式,但汇编时伪指令并不产生可执行的目标代码,只是对汇编过程进行某种控制或提供某些汇编信息,例如 keil51 的应用。见附录。下面对常用的伪指令做一简单介绍。

1）定位伪指令 ORG

格式：[标号：] ORG 地址表达式

功能：规定程序块或数据块存放的起始位置。

例如：ORG 1000H；表示下面指令 MOV A，#20H 存放于 1000H 开始的单元 MOV A，#20H

2）定义字节数据伪指令 DB

格式：[标号：] DB 字节数据表

功能：字节数据表可以是多个字节数据、字符串或表达式，它表示将字节数据表中的数据从左到右依次存放在指定地址单元。

例如：　ORG 1000H

　　　　TAB：DB 2BH，0A0H，'A'，2 * 4 ；表示从 1000H 单元开始的地方

存放数据 2BH，0A0H，41H（字母 A 的 ASCII 码），08H

3）定义字数据伪指令 DW

格式：[标号：] DW 字数据表

功能：与 DB 类似，但 DW 定义的数据项为字，包括两个字节，存放时高位在前，低位在后。

例如：ORG 1000H

　　　　DATA：DW 324AH，3CH ；表示从 1000H 单元开始的地方存放数据 32H，4AH，00H，3CH（3CH 以字的形式表示为 003CH）

4）定义空间伪指令 DS

格式：[标号：] DS 表达式

功能：从指定的地址开始，保留多少个存储单元作为备用的空间。

例如：　ORG 1000H

　　　BUF：DS 50

　　　TAB：DB 22H ；表示从 1000H 开始的地方预留 50（1000H ~ 1031H）个存储字节空间，22H 存放在 1032H 单元

5）符号定义伪指令 EQU 或 =

格式：符号名　EQU　表达式　或　符号名 = 表达式

功能：将表达式的值或某个特定汇编符号定义为一个指定的符号名，只能定义单字节数据，并且必须遵循先定义后使用的原则，因此该语句通常放在源程序的开头部分。

例如：　LEN = 10

　　　　SUM EQU 21H

　　　…

　　　　MOV A，#LEN ；执行指令后，累加器 A 中的值为 0AH

　　　…

6）数据赋值伪指令 DATA

格式：符号名　DATA　表达式

功能：将表达式的值或某个特定汇编符号定义为一个指定的符号名，只能定义单字节数据，但可以先使用后定义，因此用它定义数据可以放在程序末尾进行数据定义。

例如：　…

        MOV A,#LEN

    …

        LEN DATA 10

尽管 LEN 的引用在定义之前,但汇编语言系统仍可以知道 A 的值是 0AH。

7)数据地址赋值伪指令 XDATA

格式:符号名　XDATA　表达式

功能:将表达式的值或某个特定汇编符号定义为一个指定的符号名,可以先使用后定义,并且用于双字节数据定义。

例如:DELAY XDATA 0356H

…

LCALL DELAY　;执行指令后,程序转到 0356H 单元执行

8)汇编结束伪指令 END

格式:[标号:] END

功能:汇编语言源程序结束标志,用于整个汇编语言程序的末尾处。

2. 单片机汇编语言程序设计的基本步骤

实训中,我们使用的程序都是用单片机汇编语言设计的。除了汇编语言外,单片机程序设计语言还有两类:机器语言和高级语言。

机器语言(Machine Language)是指直接用机器码编写程序,能够为计算机直接执行的机器级语言。机器码是一串由二进制代码"0"和"1"组成的二进制数据,其执行速度快,但是可读性极差。机器语言一般只在简单的开发装置中使用,程序的设计、输入、修改和调试都很麻烦,在实训 1 中直接输入的程序都是机器语言程序。

汇编语言(Assembly Language)是指用指令助记符代替机器码的编程语言。汇编语言程序结构简单,执行速度快,程序易优化,编译后占用存储空间小,是单片机应用系统开发中最常用的程序设计语言。汇编语言的缺点是可读性比较差,只有熟悉单片机的指令系统,并具有一定的程序设计经验,才能研制出功能复杂的应用程序,实训 4 中的 3 个程序都是用汇编语言设计的。

高级语言(High-Level Language)是在汇编语言的基础上用自然语言的语句来编写程序,例如 PL/M—51、Franklin C51、MBASIC 51 等,程序可读性强,通用性好,适用于不熟悉单片机指令系统的用户。

高级语言编写程序的缺点是实时性不高,结构不紧凑,编译后占用存储空间比较大,这一点在存储器有限的单片机应用系统中没有优势。

目前,大多数用户仍然使用汇编语言进行单片机应用系统的软件设计,本部分内容将介绍 MCS—51 单片机汇编语言的程序设计方法。

单片机汇编语言程序设计的基本步骤如下:

(1)题意分析。熟悉并了解汇编语言指令的基本格式和主要特点,明确被控对象对软件的要求,设计出算法等。

(2)画出程序流程图。编写较复杂的程序,画出程序流程图是十分必要的。程序流程图也称为程序框图,是根据控制流程设计的,它可以使程序清晰,结构合理,便于调试。

(3)分配内存工作区及有关端口地址。分配内存工作区,要根据程序区、数据区、暂存区、

堆栈区等预计所占空间大小,对片内外存储区进行合理分配并确定每个区域的首地址,便于编程使用。

(4)编制汇编源程序。

(5)仿真、调试程序。

(6)固化程序。

3. 简单程序设计

简单程序也就是顺序程序,实训4中的程序1就是顺序程序结构,它是最简单、最基本的程序结构,其特点是按指令的排列顺序一条条地执行,直到全部指令执行完毕为止。不管多么复杂的程序,总是由若干顺序程序段所组成的。以下通过实例介绍简单程序的设计方法。

例2.11 4字节(双字)加法。将内部RAM 30H开始的4个单元中存放的4字节十六进制数和内部RAM 40H单元开始的4个单元中存放的4字节十六进制数相加,结果存放到40H开始的单元中。

1)题意分析

题目的要求如图2.9所示。

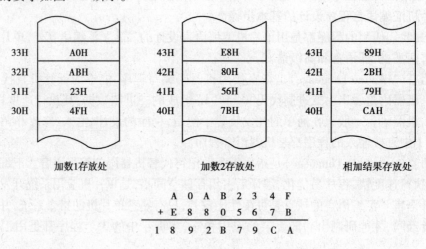

图2.9 例2-11题意分析示意图

2)汇编语言源程序

按照双字节加法的思路,实现4字节加法的源程序如下:

```
ORG   0000H
MOV   A,30H
ADD   A,40H
MOV   40H,A      ;最低字节加法并送结果
MOV   A,31H
ADDC  A,41H
MOV   41H,A      ;第二字节加法并送结果
MOV   A,32H
ADDC  A,42H
MOV   42H,A      ;第三字节加法并送结果
```

```
MOV   A,33H
ADDC  A,43H
MOV   43H,A      ;第四字节加法并送结果,进位位在 CY 中
END
```

显然,上面程序中,每一步加法的步骤很相似,因此我们可以采用循环的方法来编程,使得源程序更加简洁,结构更加紧凑。用循环方法编制的源程序见习题。

例 2.12 数据拼拆程序。将内部 RAM 30H 单元中存放的 BCD 码十进制数拆开并变成相应的 ASCII 码,分别存放到 31H 和 32H 单元中。

(1)题意分析

题目要求如图 2.10 所示。

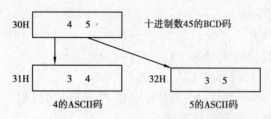

图 2.10 例 2.12 题意分析示意图

本题中,首先必须将两个数拆开,然后再拼装成两个 ASCII 码。数字与 ASCII 码之间的关系是:高 4 位为 0011H,低 4 位即为该数字的 8421 码。

(2)汇编语言源程序

源程序如下:

```
ORG   0000H
MOV   R0,#30H
MOV   A,#30H
XCHD  A,@R0      ;A 的低 4 位与 30H 单元的低 4 位交换
MOV   32H,A      ;A 中的数值为低位的 ASCII 码
MOV   A,@R0
SWAP  A          ;将高位数据换到低位
ORL   A,#30H     ;与 30H 拼装成 ASCII 码
MOV   31H,A
END
```

二、分支程序设计

程序实例

1. 两分支程序设计

例 2.13 两个无符号数比较(两分支)。内部 RAM 的 20H 单元和 30H 单元各存放了一个 8 位无符号数,请比较这两个数的大小,比较结果显示在实训的实验板上:

若(20H)≥(30H),则 P1.0 管脚连接的 LED 发光;

若(20H)<(30H),则 P1.1 管脚连接的 LED 发光。

（1）题意分析

本例是典型的分支程序,根据两个无符号数的比较结果(判断条件),程序可以选择两个流向之中的某一个,分别点亮相应的 LED。

比较两个无符号数常用的方法是将两个数相减,然后判断有否借位 CY。若 CY = 0,无借位,则 X≥Y;若 CY = 1,有借位,则 X < Y。程序的流程图如图 2.11 所示。

（2）汇编语言源程序

源程序如下:

```
X DATA 20H    ;数据地址赋值伪指令 DATA
Y DATA 30H
ORG   0000H
MOV   A,X   ;(X)→A
CLR   C      ;CY = 0
SUBB  A,Y   ;带借位减法,A - (Y) - CY→A
JC L1        ;CY = 1,转移到 L1
CLR   P1.0   ;CY = 0,(20H)≥(30H),点亮 P1.0 连接的 LED
SJMP   FINISH ;直接跳转到结束等待
L1:CLRP1.1   ;(20H)<(30H),点亮 P1.1 连接的 LED
FINISH：  SJMP $
END
```

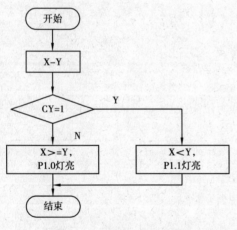

图 2.11　两数比较流程图

（3）执行结果

执行该程序之前,利用单片机开发系统先往内部 RAM 的 20H 和 30H 单元存放两个无符号数(可以任意设定),执行后观察点亮的 LED 是否和存放的数据大小相一致。

2.三分支程序设计

例 2.14　两个有符号数比较(三分支程序)。内部 RAM 的 20H 单元和 30H 单元各存放了一个 8 位有符号数,请比较这两个数的大小,比较结果显示在实训实验板上:

若(20H) = (30H),则 P1.0 管脚连接的 LED 发光;

若(20H) > (30H),则 P1.1 管脚连接的 LED 发光;

若(20H) < (30H),则 P1.2 管脚连接的 LED 发光。

（1）题意分析

有符号数在计算机中的表示方式与无符号数是不同的:正数以原码形式表示,负数以补码形式表示,8 位二进制数的补码所能表示的数值范围为 + 127 ~ - 128。

计算机本身无法区分一串二进制码组成的数字是有符号数或无符号数,也无法区分它是程序指令还是一个数据。编程员必须对程序中出现的每一个数据的含义非常清楚,并按此选择相应的操作。例如,将数据 FEH 看成无符号数,其值为 254,将其看成有符号数,其值为 - 2。

比较两个有符号数 X 和 Y 大小要比无符号数麻烦得多。这里提供一种比较思路:先判别两个有符号数 X 和 Y 的符号,如果 X、Y 两数符号相反,则非负数大;如果 X、Y 两数符号相同,将两数相减,然后根据借位标志 CY 进行判断。这一比较过程如图 2.12 所示。

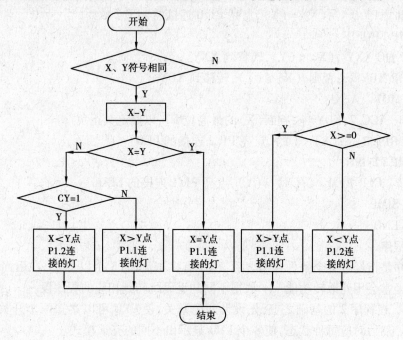

图 2.12　比较两个有符号数 X、Y 的流程图

程序说明。

①判断两个有符号数符号异同的方法。

本例中使用逻辑异或指令,将(X)与(Y)进行异或操作,那么,(X)的符号位(X)7 与(Y)的符号位(Y)7 异或的结果如下:

若(X)7 与(Y)7 相同,则(X)7⊕(Y)7=0;若(X)7 与(Y)7 不相同,则(X)7⊕(Y)7=1。

本例中,(X)与(Y)的异或结果存放在累加器 A 中,因此判断 ACC.7 是否为零即可知道两个数的符号相同与否。

②比较两个有符号数的其他方法。

除了本例中使用的比较两个有符号数的方法之外,我们还可以利用溢出标志 OV 的状态来判断两个有符号数的大小。具体算法如下:

若 X－Y 为正数,则 OV=0 时 X＞Y;OV=1 时 X＜Y。

若 X－Y 为负数,则 OV=0 时 X＜Y;OV=1 时 X＞Y。

(2)汇编语言源程序

源程序如下:

```
X    DATA 20H
Y    DATA 30H
ORG 0000H
MOV   A,X
XRL   A,Y   ;(X)与(Y)进行异或操作
```

```
      JB ACC.7,NEXT1;累加器 A 的第 7 位为 1,两数符号不同,转移到 NEXT1
      MOV A,X
      CJNE  A,Y,NEQUAL  ;(X)≠(Y),转移到 NEQUAL
      CLR   P1.0   ;(X)=(Y),点亮 P1.0 连接的 LED
      SJMP FINISH
NEQUAL:JC XXY ;(X)<(Y),转移到 XXY
      SJMP XDY  ;否则,(X)>(Y),转移到 XDY
NEXT1:MOV  A,X
      JNB  ACC.7,XDY  ;判断(X)的最高位 D7,以确定其正负
XXY:CLRP1.2  ;(X)<(Y),点亮 P1.2 连接的 LED
      SJMP FINISH
XDY: CLR P1.1   ;(X)>(Y),点亮 P1.1 连接的 LED
FINISH:SJMP  $
      END
```

3. 散转程序

散转程序是指经过某个条件判断之后,程序有多个流向(3 个以上)。在后面的键盘接口程序设计中经常会用到散转功能——根据不同的键码跳转到相应的程序段。

例 2.15　在程序 2 的基础之上,先设计两个开关,使 CPU 可以察知两个开关组合出的 4 种不同状态。然后对应每种状态,使 8 个 LED 显示出不同的亮灭模式。

(1)硬件设计

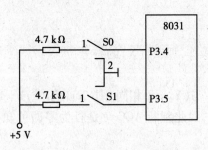

图 2.13　例 2.15 硬件原理图

在情境 1 的实训电路中,我们使用单片机的并行口 P1 的输出功能来控制 8 个 LED 的显示。现在我们使用其 P3 口的输入功能来设计两个输入开关,硬件原理图如图 2.13 所示。

如图 2.13 所示,当开关 S0 接通 2 时,P3.4 管脚接地,P3.4=0;当 S0 接通 1 时,P3.4 接 +5 V,P3.4=1。同样,当开关 S1 接通 2 时,P3.5 管脚接地,P3.5=0;当 S1 接通 1 时,P3.5 接 +5 V,P3.5=1。

假设要求 P3 口的开关状态对应的 P1 口的 8 个 LED 的显示方式如下:

P3.5	P3.4	显示方式
0	0	全亮
0	1	交叉亮
1	0	低 4 位连接的灯亮,高 4 位灭
1	1	低 4 位连接的灯灭,高 4 位亮

(2)软件设计

①程序设计思想。散转程序的特点是利用散转指令实现向各分支程序的转移,程序流程图如图 2.14 所示。

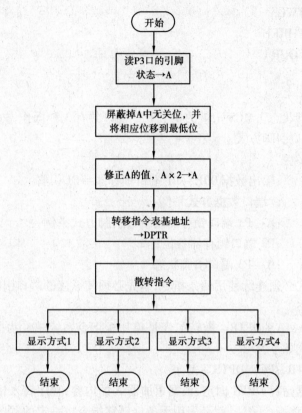

图2.14　散转程序流程图

②汇编语言源程序。

```
        ORG    0000H
        MOV    P3,#00110000B ;使 P3 口锁存器相应位置位
        MOV    A,P3          ;读 P3 口相应引脚线信号
        ANL    A,#00110000B  ;"逻辑与"操作,屏蔽掉无关位
        SWAP   A             ;将相应位移位到低位
        RL     A             ;循环左移一位,A*2→A
        MOV    DPTR,#TABLE   ;转移指令表的基地址送数据指针 DPTR
        JMP    @A+DPTR       ;散转指令
ONE：   MOVP1,#00H           ;第 1 种显示方式,S0 接地,S1 接地
        SJMP   $
TWO：   MOV    P1,#55H       ;第 2 种显示方式,S0 接 +5 V,S1 接地
        SJMP   $
THREE：MOV    P1,#0FH       ;第 3 种显示方式,S0 接地,S1 接 +5 V
        SJMP   $
FOUR： MOV    P1,#0F0H      ;第 4 种显示方式,S0 接 +5 V,S1 接地
        SJMP   $
TABLE：AJMP   ONE           ;转移指令表
```

```
AJMP    TWO
AJMP    THREE
AJMP    FOUR
END
```

（3）程序说明

①读 P3 口的管脚状态。MCS—51 的 4 个 I/O 端口共有 3 种操作方式：输出数据方式，读端口数据方式和读端口引脚方式。

输出数据方式举例：

```
MOV P1,#00H        ;输出数据 00H→P1 端口锁存器→P1 引脚
                   读端口数据方式举例：
MOV A,P3           ;A←P3 端口锁存器读端口引脚方式举例：
MOV P3,#0FFH       ;P3 端口锁存器各位置 1
MOV A,P3           ;A←P3 端口引脚状态
```

注意：读引脚方式必须连续使用两条指令，首先必须使欲读的端口引脚所对应的锁存器置位，然后再读引脚状态。

②散转指令 JMP @ A + DPTR。散转指令是单片机指令系统中专为散转操作提供的无条件转移指令，指令格式如下：

```
JMP    @ A + DPTR  ;PC←DPTR + A
```

一般情况下，数据指针 DPTR 固定，根据累加器 A 的内容，程序转入相应的分支程序中去。本例采用最常用的转移指令表法，就是先用无条件转移指令按一定的顺序组成一个转移表，再将转移表首地址装入数据指针 DPTR 中，然后将控制转移方向的数值装入累加器 A 中作变址，最后执行散转指令，实现散转。指令转移表的存储格式如图 2.15 所示。

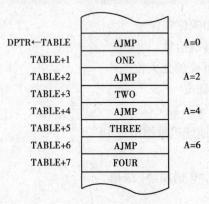

图 2.15　指令转移表的存储格式

由于无条件转移指令 AJMP 是两字节指令，因此控制转移方向的 A 中的数值为

A = 0 转向　AJMP　ONE
A = 2 转向　AJMP　TWO
A = 4 转向　AJMP　THREE
A = 6 转向　AJMP　FOUR

程序中，从 P3 口读入的数据分别为 0，1，2，3，因此必须乘以 2 来修正 A 的值。如果 A = 2，散转过程如下：

JMP　@ A + DPTR → PC = TABLE + 2 → AJMP TWO

③3 种无条件转移指令 LJMP、AJMP 和 SJMP 的比较。

3 种无条件转移指令在应用上的区别有以下 3 点：

转移距离不同，LJMP 可在 64 KB 范围内转移，AJMP 指令可以在本指令取出后的 2 KB 范围内转移，SJMP 的转移范围是以本指令为核心的 − 126 ~ + 129 B 范围内转移；

汇编后机器码的字节数不同，LJMP 是三字节指令，AJMP 和 SJMP 都是两字节指令。

LJMP 和 AJMP 都是绝对转移指令，可以计算得到转移目的地址，而 SJMP 是相对转移指

令,只能通过转移偏移量来进行计算。

选择无条件转移指令的原则是根据跳转的远近,尽可能选择占用字节数少的指令。例如,动态暂停指令一般都选用 SJMP $,而不用 LJMP $。

三、循环程序设计

1. 单重循环程序设计

例 2.16　用 P1 口连接的 8 个 LED 模拟霓虹灯的显示方式。编程实现 P1 口连接的 8 个 LED 显示方式如下:

按照从 P1.0 到 P1.7 的顺序,依次点亮其连接的 LED。

(1)题意分析

这种显示方式是一种动态显示方式,逐一点亮一个灯,使人们感觉到点亮灯的位置在移动。根据点亮灯的位置,我们要向 P1 口依次送入如下的立即数:

FEH——点亮 P1.0 连接的 LED　MOV　P1,#0FEH

FDH——点亮 P1.1 连接的 LED　MOV　P1,#0FDH

FBH——点亮 P1.2 连接的 LED　MOV　P1,#0FBH

7FH——点亮 P1.7 连接的 LED　MOV　P1,#7FH

以上完全重复地执行往 P1 口传送立即数的操作,会使程序结构松散。我们看到,控制 LED 点亮的显示模式字立即数 0FEH,0FDH,0FBH,…,7FH 之间存在着每次左移一位的规律,因此我们可以试用循环程序来实现。初步设想的程序流程图如图 2.16 所示。

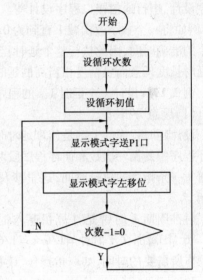

图 2.16　例 2.16 初步设想的程序流程图

用汇编语言实现的程序如下:

```
        ORG   0000H
START:  MOV   R2,#08H    ;设置循环次数
        MOV   A,#0FEH    ;从 P1.0→P1.7 使 LED 逐个亮过去
NEXT:   MOV   P1,A       ;点亮 LED
        RL    A          ;左移一位
        DJNZ  R2,NEXT    ;次数减1,不为零,继续点亮下一个 LED
        SJMP  START      ;反复点亮
        END
```

执行上面程序后,结果是 8 个灯全部被点亮,与预想的结果不符,为什么呢? 这是因为程序执行得很快,逐一点亮 LED 的间隔太短,在我们看来就是同时点亮了,因此,必须在点亮一个 LED 后加一段延时程序,使该显示状态稍事停顿,人眼才能区分开来。正确的程序流程图

参见实训中的图。

（2）汇编语言源程序

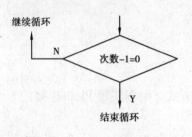

图 2.17 常见循环程序结构

由于程序设计中经常会出现如图 2.17 所示的次数控制循环程序结构，为了编程方便，单片机指令系统中专门提供了循环指令 DJNZ，以适用于上述结构的编程。

DJNZ R2,NEXT ；R2 中存放控制次数，R2 - 1→R2，R2≠0，转移到 NEXT 继续循环，否则执行下面指令。

2.双重循环程序设计——延时程序设计

在上例中使用了延时程序段之后，我们才能看到正确的显示结果。延时程序在单片机汇编语言程序设计中使用非常广泛，例如，键盘接口程序设计中的软件消除抖动、动态 LED 显示程序设计、LCD 接口程序设计、串行通信接口程序设计等。所谓延时，就是让 CPU 做一些与主程序功能无关的操作（例如将一个数字逐次减 1 直到为 0）来消耗掉 CPU 的时间。由于我们知道 CPU 执行每条指令的准确时间，因此执行整个延时程序的时间也可以精确计算出来。也就是说，我们可以写出延时长度任意而且精度相当高的延时程序。

例 2.17 设计一个延时 1 s 的程序，设单片机时钟晶振频率为 fosc = 6 MHz。

（1）题意分析

设计延时程序的关键是计算延时时间。延时程序一般采用循环程序结构编程，通过确定循环程序中的循环次数和循环程序段两个因素来确定延时时间。对于循环程序段来讲，必须知道每一条指令的执行时间，这里涉及几个非常重要的概念——时钟周期、机器周期和指令周期。

时钟周期 T 时钟是计算机基本时间单位，同单片机使用的晶振频率有关。题目给定 fosc = 6 MHz，那么 T 时钟 = 1/fosc = 1/6 M = 166.7 ns。机器周期 T 机器是指 CPU 完成一个基本操作所需要的时间，如取指操作、读数据操作等，机器周期 T_c 的计算方法：T_c = 12T 时钟 = 166.7 ns × 12 = 2 μs。

指令周期是指执行一条指令所需要的时间。由于指令汇编后有单字节指令、双字节指令和三字节指令，因此指令周期没有确定值，一般为 1 ~ 4 个 T_c。在任务 1 的指令表中给出了每条指令所需的机器周期数，可以计算每一条指令的指令周期。现在，我们可以来计算一下延时程序段的延时时间。延时程序段如下：

```
DELAY1：   MOV    R3,#0FFH
DEL2：     MOV    R4,#0FFH
DEL1：     NOP
           DJNZ   R4,DEL1
           DJNZ   R3,DEL2
```

经查指令表得到：指令 MOV R4,#0FFH、NOP、DJNZ 的执行时间分别为 2 μs、2 μs 和 4 μs。

NOP 为空操作指令，其功能是取指、译码，然后不进行任何操作进入下一条指令，经常用于产生一个机器的延迟。

延时程序段为双重循环，下面分别计算内循环和外循环的延时时间。内循环：内循环的循环次数为 255(0FFH)次，循环为以下两条指令：

```
NOP                  ;2 μs
DJNZ   R4,DEL1 ;4 μs
```
内循环延时时间为:255×(2+4) = 1530 μs。

外循环:外循环的循环次数为255(0FFH)次,循环内容如下:
```
MOV   R4,#0FFH ;2 μs
1530 μs 内循环   ;1530 μs
DJNZ R3,DEL2   ;4 μs
```
外循环一次的时间为1530 μs +2 μs +4 μs =1536 μs,循环255 次,另外加上第一条指令。
```
MOV   R3,#0FFH ;2 μs
```
的循环时间2 μs,因此总的循环时间为:

$$2 \text{ μs} + (1530 \text{ μs} +2 \text{ μs} +4 \text{ μs}) \times 255 = 391682 \text{ μs} \approx 392 \text{ ms}$$

以上是比较精确的计算方法,一般情况下,在外循环的计算中,经常忽略比较小的时间段,例如将上面的外循环计算公式简化为:

$$1530 \text{ μs} \times 255 = 390150 \text{ μs} \approx 390 \text{ ms}$$

了解了延时时间的计算方法,本例我们使用三重循环结构。程序流程图如图2.20所示。

内循环选择为1 ms,第二层循环达到延时10 ms(循环次数为10),第三层循环延时到1 s(循环次数为100)。

(2)汇编语言源程序段

一般情况下,延时程序均是作为一个子程序段使用,不会独立运行它,否则单纯的延时没有实际意义。
```
DELAY:  MOV   R0,#100      ;延时1 s 的循环次数
 DEL2:  MOV   R1,#10       ;延时10 ms 的循环次数
 DEL1:  MOV   R2,#7DH      ;延时1 ms 的循环次数
 DEL0:  NOP
        NOP
 DJNZ       R2,DEL0
 DJNZ       R1,DEL1
 DJNZ       R0,DEL2
```
(3)程序说明

本例中,第二层循环和外循环都采用了简化计算方法,编程关键是延时1 ms 的内循环程序如何编制。首先确定循环程序段的内容如下:
```
NOP                  ;2 μs
NOP                  ;2 μs
DJNZ   R2,DEL0       ;4 μs
```
内循环次数设为 count,计算方法如下式:

$$(一次循环时间) \times count = 1 \text{ ms}$$

从而得到

$$count = 1 \text{ ms}/(2 \text{ μs} +2 \text{ μs} +4 \text{ μs}) = 125 = 7DH$$

本例提供了一种延时程序的基本编制方法,若需要延时更长或更短时间,同样只需要采用更多重或更少重的循环即可。

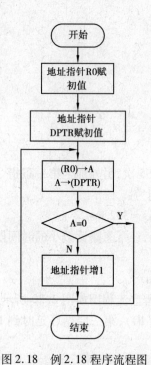

图 2.18 例 2.18 程序流程图

值得注意的是,延时程序的目的是白白占用 CPU 一段时间,此时不能做任何其他工作,就像机器在不停地空转一样,这是程序延时的缺点。若在延时过程中需要 CPU 做指定的其他工作,就要采用单片机内部的硬件定时器或片外的定时芯片(如 8253 等)。

3. 数据传送程序

例 2.18 不同存储区域之间的数据传输。将内部 RAM 30H 单元开始的内容依次传送到外部 RAM 0100H 单元开始的区域,直到遇到传送的内容是 0 为止。

(1)题意分析

本例要解决的关键问题是:数据块的传送和不同存储区域之间的数据传送。前者采用循环程序结构,以条件控制结束;后者采用间接寻址方式,以累加器 A 作为中间变量实现数据传输。程序流程图如图 2.18 所示。

(2)程序说明

①间接寻址指令。在单片机指令系统中,对内部 RAM 读/写数据有两种方式:直接寻址方式和间接寻址方式。例如:

直接方式:MOV   A,30H   ;内部 RAM(30H)→累加器 A

间接方式:MOV   R0,#30H   ;30H→R0

　　　　　MOV   A,@R0   ;内部 RAM(R0)→累加器 A

对外部 RAM 的读/写数据只有间接寻址方式,间接寻址寄存器有 R0、R1(寻址范围是 00H ~ FFH)和 DPTR(寻址范围 0000H ~ FFFFH,整个外部 RAM 区)。

②不同存储空间之间的数据传输。MCS—51 系列单片机存储器结构的特点之一是存在着 4 种物理存储空间,即片内 RAM、片外 RAM、片内 ROM 和片外 ROM。不同的物理存储空间之间的数据传送一般以累加器 A 作为数据传输的中心,如图 2.19 所示。

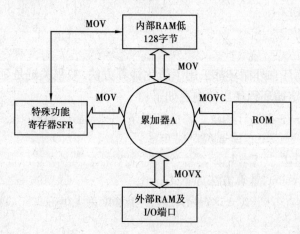

图 2.19 以累加器 A 为中心的不同存储空间的数据传送示意图

不同的存储空间是独立编址的,在传送指令中的区别在于不同的指令助记符,例如:

　　MOV   R0,#30H

```
MOV   A,@ R0                    ;内部 RAM(30H)→A
MOVX A,@ R0                   ;外部 RAM(30H)→A
```

(3)汇编语言源程序

```
      ORG   0000H
      MOV   R0,#30H                ;R0 指向内部 RAM 数据区首地址
      MOV   DPTR,#0100H           ;DPTR 指向外部 RAM 数据区首地址
TRANS：MOVA,@ R0                   ;A←(R0)
      MOVX@ DPTR,A                ;(DPTR)←A
      CJNE A,#00H,NEXT
      SJMP FINISH                 ;A =0,传送完成
NEXT：INC   R0                    ;修改地址指针
      INC   DPTR    AJMP   TRANS  ;继续传送
FINISH：SJMP   $
      END
```

4. 循环程序结构

1)循环程序组成

从以上循环程序实例中,我们看到循环程序的特点是程序中含有可以重复执行的程序段。循环程序由以下 4 部分组成:

(1)初始化部分

程序在进入循环处理之前必须先设立初值,例如循环次数计数器、工作寄存器以及其他变量的初始值等,为进入循环做准备。

(2)循环体

循环体也称为循环处理部分,是循环程序的核心。循环体用于处理实际的数据,是重复执行部分。

(3)循环控制

在重复执行循环体的过程中,不断修改和判别循环变量,直到符合循环结束条件。一般情况下,循环控制有以下几种方式:

①计数循环——如果循环次数已知,用计数器计数来控制循环次数,这种控制方式用得比较多。循环次数要在初始化部分预置,在控制部分修改,每循环一次,计数器内容减 1。例 2.20就属于计数循环控制方式。

②条件控制循环——在循环次数未知的情况下,一般通过设立结束条件来控制循环的结束,例 2.20 就是用条件 A =0 来控制循环结束的。

③开关量与逻辑尺控制循环——这种方法经常用在过程控制程序设计中,这里不再详述。

(4)循环结束处理

这部分程序用于存放执行循环程序所得结果以及恢复各工作单元的初值等。

2)循环程序的基本结构

循环程序通常有两种编制方法:一种是先处理再判断,另一种是先判断后处理,如图 2.20所示。

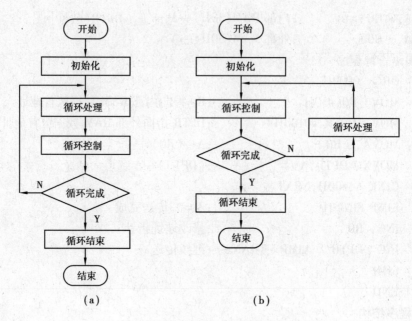

图 2.20 循环程序的两种基本结构
（a）先执行后判断；（b）先判断后执行

3）多重循环结构程序

有些复杂问题,必须采用多重循环的程序结构,即循环程序中包含循环程序或一个大循环中包含多个小循环程序,称为多重循环程序结构,又称循环嵌套。

多重循环程序必须注意的是各重循环不能交叉,不能从外循环跳入内循环。例2.20 的延时程序就是一个典型的三重循环结构。

4）循环程序与分支程序的比较

循环程序本质上是分支程序的一种特殊形式,凡是分支程序可以使用的转移指令,循环程序一般都可以使用,并且由于循环程序在程序设计中的重要性,单片机指令系统还专门提供了循环控制指令,如 DJNZ 等。

四、查表程序

在单片机汇编语言程序设计中,查表程序的应用非常广泛,在 LED 显示程序和键盘接口程序设计中都用到了查表程序段。

例2.19 在程序中定义一个 0 ~ 9 的平方表,利用查表指令找出累加器 A = 05H 的平方值。

1）题意分析

所谓表格是指在程序中定义的一串有序的常数,如平方表、字型码表、键码表等。因为程序一般都是固化在程序存储器(通常是只读存储器 ROM 类型)中,因此可以说表格是预先定义在程序的数据区中,然后和程序一起固化在 ROM 中的一串常数。

查表程序的关键是表格的定义和如何实现查表。

2）汇编语言源程序

ORG   0000H

```
MOV   DPTR,#TABLE              ;表首地址→DPTR(数据指针)
MOV   A,#05                    ;05→A
MOVC  A,@ A + DPTR            ;查表指令,25→A,A = 19H
SJMP  $                        ;程序暂停
TABLE:  DB 0,1,4,9,16,25,36,49,64,81 ;定义 0 ~ 9 平方表
END
```

3)程序说明

从程序存储器中读数据时,只能先读到累加器 A 中,然后再送到题目要求的地方。单片机提供了两条专门用于查表操作的查表指令:

```
MOVC  A,@ A + DPTR            ;(A + DPTR)→A
MOVC  A,@ A + PC              ;PC + 1→PC,(A + PC)→A
```

DPTR 为数据指针,一般用于存放表首地址。

用指令 MOVC A,@ A + PC　实现查找平方表的源程序如下:

```
ORG   0000H
MOV   A,#05          ;05→A
ADD A,#02           ;修正累加器 A 的值,修正值为查表指令距离表格首地址的字节数
                     减去 1
MOVC  A,@ A + PC ;25→A
SJMP  $
TABLE:DB 0,1,4,9,16,25,36,49,64,81;定义 0 ~ 9 平方表
      END
```

五、子程序设计与堆栈技术

在解决实际问题时,经常会遇到一个程序中多次使用同一个程序段,例如延时程序、查表程序、算术运算程序段等功能相对独立的程序段。在实训 4 中,我们反复使用了延时程序段。

为了节约内存,我们把这种具有一定功能的独立程序段编成子程序,例如延时子程序。当需要时,可以去调用这些独立的子程序。调用程序称为主程序,被调用的程序称为子程序。

本节用实例介绍子程序和堆栈的使用方法。

子程序实例

例 2.20　延时子程序:编程使 P1 口连接的 8 个 LED 按下面方式显示:从 P1.0 连接的 LED 开始,每个 LED 闪烁 10 次,再移向下一个 LED,同样闪烁 10 次,循环不止。

(1)题意分析

在前面的例子中,我们已经编了一些 LED 模拟霓虹灯的程序,按照题目要求画出本例的程序流程图如图 2.21 所示。

在图 2.20 中,两次使用延时程序段,因此我们把延时程序编成子程序。

(2)汇编语言源程序

```
      ORG   0000H
MAIN: MOV  A,#0FE   ;送显示初值
LP:      MOV  R0,#10   ;送闪烁次数
```

```
LP0：    MOV  P1,A       ;点亮 LED
         LCALL DELAY     ;延时
         MOV  P1,#0FFH   ;熄灭灯
         LCALL DELAY     ;延时
         DJNZ R0,LP0     ;闪烁次数不够 10 次,继续
         RL A            ;否则 A 左移,下一个灯闪烁
         SJMP  LP        ;循环不止
DELAY：  MOV R3,#0FFH    ;延时子程序
DEL2：   MOV R4,#0FFH
DEL1：   NOP
         DJNZ R4,DEL1
         DJNZ  R3,DEL2
         RET
```

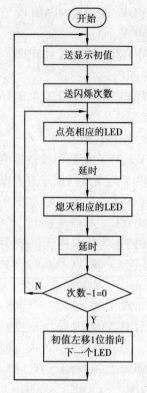

图 2.21　例 2.20 程序流程图

（3）程序说明

①子程序调用和返回过程。

在上例中,MAIN 为主程序,DELAY 为延时子程序。当主程序 MAIN 需要延时功能时,就用一条调用指令 ACALL（或 LCALL）DELAY 即可。子程序 DELAY 的编制方法与一般程序遵循的规则相同,同时也有它的特殊性。子程序的第一条语句必须有一个标号,如 DELAY,代表该子程序第一个语句的地址,也称为子程序入口地址,供主程序调用;子程序的最后一条语句必须是子程序返回指令 RET。

子程序一般紧接着主程序存放,例 2.20 的主程序和子程序在存储器中的存储格式如下:

主程序:

地址　机器码　指令

0005 12 ＊＊ LCALL DELAY ;第一次调用子程序

0008 ＊＊＊＊＊＊ MOV P1,#0FFH ;LCALL 指令的下一条指令首址 0008H 称为断点地址

子程序:

0013 ＊＊＊＊＊＊ MOV R3,#0FFH ;子程序开始

001C 22 RET ;子程序返回

主程序两次调用子程序及子程序返回过程如图 2.22 所示。

子程序只需书写一次,主程序可以反复调用它。CPU 执行 LCALL 指令所进行的具体操作（以第一次调用为例）是:

（a）PC 的自动加 1 功能使 PC＝0008H,指向下一条指令 MOV P1,#0FFH 的首址,PC 中即为断点地址;

（b）保存 PC 中的断点地址 0008H;

（c）将子程序 DELAY 的入口地址 0013H 赋给 PC,PC＝0012H;

（d）程序转向 DELAY 子程序运行。

CPU 执行 RET 指令的具体操作（以第一次调用为例）是:

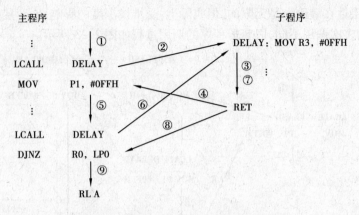

图2.22 子程序两次调用、返回过程示意图

(a)取出执行调用指令时保存的断点地址0008H,并将它赋给PC,PC=0008H;

(b)程序转向断点处继续执行主程序。

从以上分析来看,在子程序调用过程中,断点地址0008H是自动保存和取出的,那么断点地址究竟存放在什么地方呢?这里引出一个新的存储区域概念——堆栈,它是一个存放临时数据(例如断点地址)的内存区域。堆栈的巧妙设计使程序员不必操心数据的具体存放地址。

②子程序嵌套。

修改上面的程序,将一个灯的闪烁过程也编成子程序形式。修改后的源程序如下:

```
        ORG    0000H
MAIN:   MOV    A,#0FEH        ;送显示初值
COUN:   ACALL  FLASH          ;调闪烁子程序
        RL     A              ;A左移,下一个灯闪烁
        SJMP   COUN           ;循环不止
FLASH:  MOV    R0,#10         ;送闪烁次数
FLASH1: MOV    P1,A           ;点亮LED
        LCALL  DELAY          ;延时
        MOV    P1,#0FFH       ;熄灭灯
        LCALL  DELAY          ;延时
        DJNZ   R0,FLASH1      ;闪烁次数不够10次,继续
        RET
DELAY:  MOV    R3,#0FFH       ;延时子程序
DEL2:   MOV    R4,#0FFH
DEL1:   NOP
        DJNZ   R4,DEL1
        DJNZ   R3,DEL2
        RET
        END
```

上面程序中,主程序调用了闪烁子程序FLASH,闪烁子程序中又调用延时子程序DELAY,这种主程序调用子程序,子程序又调用另外的子程序的程序结构,称为子程序的嵌套。一般来

说,子程序嵌套层数在理论上是无限的,但实际上,受堆栈深度的影响,嵌套层数是有限的。

与子程序的多次调用不同,嵌套子程序的调用过程如图2.23所示。

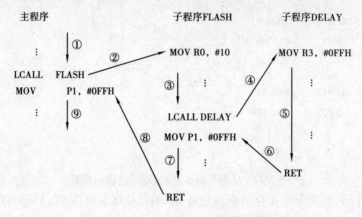

图2.23 例2.20程序中嵌套子程序的执行过程

六、实用汇编子程序

1.代码转换程序

在计算机内部,任何数据最终都是以二进制形式出现的。但是人们通过外部设备与计算机交换数据所采用的又常常是一些别的形式。例如标准的编码键盘和标准的CRT显示器使用的都是ASCII码;人们习惯使用的是十进制,在计算机中表示为BCD码等。因此,汇编语言程序设计中经常会碰到代码转换的问题,这里介绍BCD码、ASCII码与二进制数相互转换的基本方法和子程序代码。

例2.21 BCD码转换为二进制数:把累加器A中的BCD码转换成二进制数,结果仍存放在累加器A中。

(1)题意分析

A中存放的BCD码数的范围是0~99,转换成二进制数后是00H~63H,所以仍然可以存放在累加器A中。本例采用将A中的高半个字节(十位)乘以10,再加上A的低半个字节(个位)的方法进行转换,计算公式是A7~4*10+A3~0。

(2)汇编语言源程序

程序名:BCDBIN

功能:BCD码转换为二进制数

入口参数:要转换的BCD码存放在累加器A中

出口参数:转换后的二进制数存放在累加器A中

占用资源:寄存器B

```
BCDBIN: PUSH  B          ;保护现场
        PUSH  PSW
        PUSH  ACC         ;暂存A的内容
        ANL   A,#0F0H      ;屏蔽掉低4位
        SWAP  A           ;将A的高4位与低4位交换
        MOV   B,#10
```

```
        MUL AB          ;乘法指令,A×B→BA,A中高半字节乘以10
        MOV    B,A      ;乘积不会超过256,因此乘积在A中,
                            暂存到B
        POP    ACC      ;取原BCD数
        ANL    A,#0FH   ;屏蔽掉高4位

        ADD    A,B      ;个位数与十位数相加
        POP    PSW
        POP    B        ;恢复现场
        RET
```

例 2.22　二进制数转换为 BCD 码,将累加器 A 中的二进制数 0～FFH 内的任一数转换为 BCD 码(0～255)。

(1)题意分析

BCD 码是每 4 位二进制数表示一位十进制数。本例所要求转换的最大 BCD 码为 255,需要 12 位二进制数,超过了一个字节(8 位),因此将高 4 位存放在 B 的低 4 位,高 4 位清零;低 8 位存放在 A 中。

```
    0000      0010 0101 0101
     B         A
```

转换的方法是将 A 中二进制数除以 100、10,所得商即为百、十位数,余数为个位数。

(2)汇编语言源程序

程序名:BINBCD

功能:二进制数转换为 BCD 码

入口参数:要转换的二进制数存在累加器 A 中(0～FFH)

出口参数:转换后的 BCD 码存放在 B(百位)和 A(十位和个位)中

```
BINBCD:  PUSH  PSW
MOV  B,#100
DIV  AB        ;除法指令,A/B→商在A中,余数在B中
PUSH  ACC      ;把商(百位数)暂存在堆栈中
MOV  A,#10
XCH  A,B       ;余数交换到A中,B=10
DIV  AB        ;A/B→商(十位)在A中,余数(个位)在B中
SWAP  A        ;十位数移到高半字节
ADD  A,B       ;十位数和个位数组合在一起
POP  B         ;百位数存放到B中
POP PSW
RET
```

例 2.23　ASCII 码转换为二进制数,将累加器 A 中的十六进制数的 ASCII 码(0～9,A～F)转换成 4 位二进制数。

(1)题意分析

在单片机汇编程序设计中,主要涉及十六进制的 16 个符号"0 ~ F"的 ASCII 码同其数值的转换。ASCII 码是按一定规律表示的,数字 0 ~ 9 的 ASCII 码即为该数值加上 30H,而对于字母"A ~ F"的 ASCII 码即为该数值加上 37H。0 ~ F 对应的 ASCII 码如下:

0 ~ F	0	1	2	3	4	5	6	7	8	9	A	B	C	D	E	F
ASCII 码（十六进制）	30	31	32	33	34	35	36	37	38	39	41	42	43	44	45	46

(2)汇编语言源程序

程序名:ASCBCD

功能:ASCII 码转换为二进制数

入口参数:要转换的 ASCII 码(30H ~ 39H,41H ~ 46H)存放在 A 中

出口参数:转换后的 4 位二进制数(0 ~ F)存放在 A 中

```
ASCBCD:   PUSH  PSW      ;保护现场
          PUSH  B
          CLR   C        ;清 CY
          SUBB  A,#30H   ;ASCII 码减 30H
          MOV   B,A      ;结果暂存 B 中
          SUBB  A,#0AH   ;结果减 10
          JC    SB10     ;如果 CY = 1,表示该值≤9
          XCH   A,B      ;否则该值 >9,必须再减 7
          SUBB  A,#07H
          SJMP  FINISH
SB10:     MOV   A,B
FINISH:   POP   B        ;恢复现场
          POP   PSW
          RET
```

例 2.24   二进制数转换为 ASCII 码,将累加器 A 中的一位 16 进制数(A 中低 4 位,x0H ~ xFH)转换成 ASCII 码,还存放在累加器 A 中。汇编语言源程序如下:

程序名:BINASC

功能:二进制数转换为 ASCII 码;

入口参数:要转换的二进制数存在 A 中

出口参数:转换后的 ASCII 码存放在 A 中 BINASC:

```
          PUSH  PSW          保护现场
          ANL   A,#0FH   ;屏蔽掉高 4 位
          PUSH  ACC      ;将 A 暂存到堆栈中
          CLR   C        ;清 CY
          SUBB  A,#0AH   ;A – 10
          JC    LOOP     ;判断有否借位
```

```
        POP    ACC              ;如果没有借位,表示 A≥10
        ADD    A,#37H
        SJMP FINISH
LOOP:   POP    ACC              ;否则 A<10
        ADD    A,#30H
FINISH: POP    PSW
        RET
```

2.算术运算子程序

单片机指令系统中只提供了单字节二进制数的加、减、乘、除指令,对于多字节数和 BCD 码的四则运算则必须由用户自己编程实现。例 2.25 给出了多字节无符号数加法程序,这里再提供一些简单的算术运算的子程序。

例 2.25　单字节十进制数(BCD 码)减法程序。已知工作寄存器 R6、R7 中有两个 BCD 数,R6 中的数作为被减数,R7 中的数作为减数,计算两数之差,并将差值存入累加器 A 中。

1)题意分析

单片机指令系统中没有十进制减法调整指令,因此采用 BCD 补码运算法则,把减法转换为加法:

被减数 – 减数→被减数 + 减数的补数

然后对加法结果进行十进制加法调整。操作步骤如下:

(1)求 BCD 减数的补数公式:9AH – 减数。这里的 9AH 代表两位 BCD 码的模 100。

(2)被减数加上减数的补数。

(3)对第②步的加法之和进行十进制加法调整,调整结果即为所求的减法结果。

2)汇编语言源程序

程序名:BCDSUB

功能:单字节十进制数(BCD 码)减法

入口参数:被减数存放在 R6 中,减数存放在 R7 中

出口参数:差数存放在累加器 A 中

```
BCDSUB: CLR   C
MOV   A,#9AH   ;两位 BCD 模→A
SUBB  A,R7    ;求减数的补数→A
ADDA,R6       ;被减数 + 减数的补数→A
DAA           ;十进制加法调整
CLR C         ;想一想为什么?
RET
```

3.查找、排序程序

例 2.26　片内 RAM 中数据检索程序设计。片内 RAM 中有一数据块,R0 指向块首地址,R1 中为数据块长度,请在该数据块中查找关键字,关键字存放在累加器 A 中。若找到关键字,把关键字在数据块中的序号存放到 A 中;若找不到关键字,A 中存放序号 00H。

(1)程序流程图

本例程序流程图如图 2.24 所示。

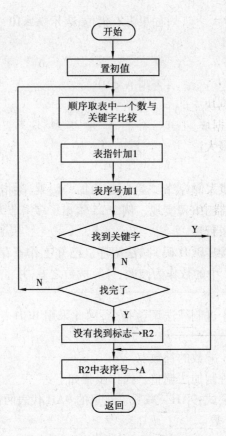

图 2.24　数据检索程序流程图

(2)汇编语言源程序

程序名:FIND

功能：　　片内 RAM 中数据检索

入口参数:R0 指向块首地址,R1 中为数据块长度,关键字存放在累加器 A 中出口参数:若找到关键字,把关键字在数据块中的序号存放到 A 中,若找不到关键字,A 中存放序号 00H

占用资源:R0，R1，R2，A,PSW

```
FIND:    PUSH   PSW
         PUSH   ACC
         MOV    R2,#00H
LOOP:    POP    ACC
         MOV    B,A
         XRL    A,@ R0          ;关键字与数据块中的数据进行异或操作
         INCR0                  ;指向下一个数
         INCR2                  ;R2 中的序号加 1
         JZ  LOOP1              ;找到
         PUSH   B
         DJNZ   R1,LOOP
```

```
         MOV   R2,#00H              ;找不到,R2 中存放 00H
LOOP1：  MOV   A,R2
         POP   PSW
         RET
```

例 2.27　查找无符号数据块中的最大值。

内部 RAM 有一无符号数据块,工作寄存器 R1 指向数据块的首地址,其长度存放在工作寄存器 R2 中,求出数据块中最大值,并存入累加器 A 中。

(1)题意分析

本题采用比较交换法求最大值。比较交换法先使累加器 A 清零,然后把它和数据块中每个数逐一进行比较,只要累加器中的数比数据块中的某个数大就进行下一个数的比较,否则把数据块中的大数传送到 A 中,再进行下一个数的比较,直到 A 与数据块中的每个数都比较完,此时 A 中便可得到最大值。程序流程图如图 2.25 所示。

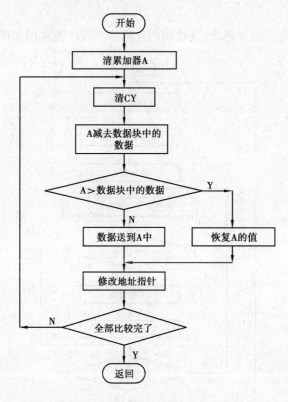

图 2.25　查找无符号数据块中的最大值流程图

(2)汇编语言源程序

程序名:MAX

功能:查找内部 RAM 中无符号数据块的最大值

入口参数:R1 指向数据块的首地址,数据块长度存放在工作寄存器 R2 中

出口参数:最大值存放在累加器 A 中

占用资源:R1, R2, A, PSW

MAX：　PUSH PSW

```
        CLR    A          ;清 A 作为初始最大值
LP：    CLR    C          ;清进位位
        SUBB   A,@ R1     ;最大值减去数据块中的数
        JNC    NEXT       ;小于最大值,继续
        MOV    A,@ R1     ;大于最大值,则用此值作为最大值
        SJMP   NEXT1
NEXT：  ADD    A,@ R1     ;恢复原最大值
NEXT1： INC    R1         ;修改地址指针
        DJNZ   R2,LP
        POP    PSW
```

例2.28　片内 RAM 中数据块排序程序。内部 RAM 有一无符号数据块,工作寄存器 R0 指向数据块的首地址,其长度存放在工作寄存器 R2 中,请将它们按照从大到小的顺序排列。

(1)题意分析

排序程序一般采用冒泡排序法,又称两两比较法。程序流程图如图 2.26 所示。

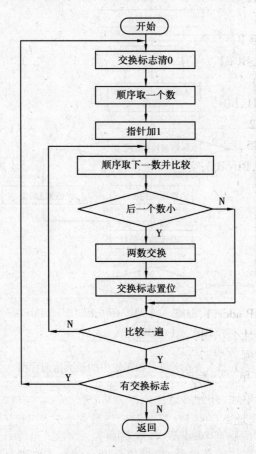

图 2.26　冒泡排序法程序流程图

(2)汇编语言源程序

程序名:BUBBLE

74

功能:片内 RAM 中数据块排序程序

入口参数:R0 指向数据块的首地址,数据块长度存放在工作寄存器 R2 中

出口参数:排序后数据仍存放在原来的位置

占用资源:R0, R1, R2, R3, R5, A, PSW

位单元 00H 作为交换标志存放单元

```
BUBBLE:  MOV   A,R0
         MOV   R1,A      ;把 R0 暂存到 R1 中
         MOV   A,R2
         MOV   R5,A      ;把 R2 暂存到 R5 中
BUBB1:   CLR   00H       ;交换标志单元清 0
         DEC   R5        ;个数减 1
         MOV   A,@R1
BUB2:    DEC R1
         MOV @R1,A
         INC   R1
         MOV A,@R1
         DJNZ R5,BUB1    ;没有比较完,转向 BUB1
         INC   R0
         MOV   R1,R0
         DEC   R2
         MOV   R5,R2
         JB    00H,BUBB1 ;交换标志为 1,继续下一轮两两比较
         RET
         END
```

任务巩固

1.简述转移指令 AJMP addr11,SJMP rel, LJMP addr16 及 JMP @A + DPTR 的应用场合。

2.什么叫伪指令? 有什么作用? 常用的伪指令有几种?

3.循环程序一般包括哪几个部分?

4.从内部存储器 20H 单元开始,有 30 个数据。试编一个程序,把其中的正数、负数分别送 5H 和 71H 开始的存储单元,并分别记下正数、负数的个数送 50H 和 70H 单元。

5.试编写子程序,使间址寄存器 R0 所指向的连续两个片外 RAM 单元中的低 4 位二进制数,合并为一个字节(R0 指向的低位地址,合并时放在高 4 位),并仍存放在 R0 所指的外 RAM 单元中。

6.试编写程序,将外部 RAM2000H ~ 20FFH 数据块,传送到 3000H ~ 30FFH 区域。

7.根据如下要求,试编写数据块传送程序。将存放在 8031 单片机内部 RAM 中。首址位 20H,长度位 50H 的数据块,传送到片外 RAM 以 4200H 为首地址的连续单元中。

8. 试编一采用查表法 1~20 的平方数的子程序。要求:x 在累加器 A 中,$1 \leqslant x \leqslant 20$,平方数高位放在 R2,低位在 R3。

9. 设单片机的晶振频率为 12 MHz,编写一个延时为 20 ms 的子程序。

实训 1 单片机开发系统及使用

1. 实训目的

(1)了解单片机开发系统的基本组成及功能。

(2)通过最简应用系统实例了解单片机开发系统的使用方法。

2. 实训设备与器件

实训设备:AT89S51 单片机芯片,74HC240、发光二极管、电源、电阻等。

实训电路:参见原理图。

3. 实训步骤及要求

1)硬件系统连接

参照图说明书将单片机开发系统、实验板及计算机连接起来。

注意单片机开发系统的电源不要接反。

2)输入、编辑汇编语言源程序

自编程序使 8 个发光二极管一起闪动(每位同学可根据自己的实际情况来处理)用 Keil 软件将程序自编的程序下载到单片机实验系统。

注意:分号后面的文字为说明文字,输入时可以省略。保存文件时,程序名后缀应为 ASM,例如,LED1. ASM。

参考程序:	;说明
ORG 0000H	;程序从地址 0000H 开始存放
START: MOV P1,#00H	;把立即数 00H 送 P1 口,点亮所有发光二极管
ACALL DELAY	;延时
MOV P1,#0FFH	;灭掉所有发光二极管
ACALL DELAY	;延时
AJMP START	;重复闪动
DELAY:MOV R3,#0FFH	;延时子程序开始
DEL2:MOV R4,#0FFH	
DEL1:NOP	
DJNZ R4,DEL1	
DJNZ R3,DEL2	
RET	;子程序
END	;汇编程序结束

3)启动单片机开发系统调试软件

使用不同的单片机开发系统,调试软件也有所不同。例如,MCS—51 单片机开发系统的调试软件是 Keil51,不同的调试软件,其功能大致相同。在调试软件中,完成以下操作:

（1）打开（Open）上一步输入的汇编语言源程序文件。

（2）将汇编语言源程序汇编（Assemble），生成十六进制文件。

（3）将汇编后生成的十六进制文件装载（Load）到单片机开发系统的仿真 RAM 中。

4）运行及调试程序

（1）运行（Execute）程序，观察实验板上 8 个发光二极管的亮灭状态。

（2）单步运行（Step）程序，观察每一句指令运行后实验板上 8 个发光二极管的亮灭状态。

5）修改、运行程序

将程序中第 2 行的 MOV P1,#00H 修改为 MOV P1,#55H 第 4 行的 MOV P1,#0FFH 修改为 MOV P1,#0AAH,重复步骤2）～ 步骤4）。

4. 实训分析与总结

（1）利用单片机开发系统运行、调试程序的步骤一般包括：输入源程序、汇编源程序、装载汇编后的十六进制程序及运行程序。我们将以 JBCPU51 实验板单片机开发系统为例，详细介绍以上各步骤的具体操作。

（2）为了方便程序调试，单片机开发系统一般提供以下几种程序运行方式：全速运行（简称运行 Execute）、单步运行（Step）、跟踪运行（Trace）、断点运行（Breakpoint）等。全速运行可以直接看到程序的最终运行结果，实训中程序的运行结果是实验板上 8 个发光二极管一起闪动，与实训 1 中的运行结果是完全相同的。单步运行可以使程序逐条指令地运行，每运行一步都可以看到运行结果，单步运行是调试程序中用得比较多的运行方式。跟踪运行与单步运行类似，不同之处在于跟踪可以进入子程序运行，在此不再赘述。试将实训中的程序跟踪运行，观察它与单步运行过程的不同。断点运行是预先在程序中设置断点，当全速运行程序时，遇到断点即停止运行，用户可以观察运行结果，断点运行对于调试程序提供了很大的方便。试将实训中的程序进行断点运行，观察其运行过程。

（3）程序调试是一个反复的过程。一般来讲，单片机硬件电路和汇编程序很难一次设计成功，因此，必须通过反复调试，不断修改硬件和软件，直到运行结果完全符合要求为止。

实训 2　指令的应用

1. 实训目的

（1）掌握指令格式及表示方法：助记符表示和机器码表示。

（2）了解人工汇编与机器汇编的方法。

（3）了解寻址方式的概念。

（4）掌握常用指令的功能及应用。

2. 实训设备和器件

（1）实训设备：单片机开发系统，微机等。

（2）实训器件与电路：参见产品说明书。

3. 实训步骤与要求

（1）将下表中的指令翻译成机器码。

（2）将机器码分别输入单片机的开发系统中，或机器汇编后分别下载到单片机的开发系统中,单步运行,观察并记录实验板上 8 个发光二极管的亮灭状态及相关单元的数据,填入下表。

题号	助记符指令	机器码指令	检查数据	发光二极管状态
	MOV P1,#55H			
	MOV 20H,#0F0H			
	MOV P1,20H			
	MOV A,#0F0H			
	MOV P1,A			
	MOV R4,#0FH			
	MOV P1,R4			
	MOV 20H,#0AAH		(20H) =	
	MOV R0,#20H		R0 =	
	MOV P1,@ R0		—	
	MOV A,#55H		A =	

题号	助记符指令	机器码指令	检查数据	发光二极管状态
	MOV P1,A		—	
	AND A,#0FH		A =	
	MOV P1,A		—	
	OR A,#0F0H		A =	
	MOV P1,A		—	
	CLR A		A =	
	MOV P1,A		—	
	CPL A		A =	
	MOV P1,A		—	
	MOV A,#01H		A =	
	MOV P1,A		—	

题号	助记符指令	机器码指令	检查数据	发光二极管状态
	RL A		A =	
	MOV P1,A		—	
	RL A		A =	
	MOV P1,A		—	

4. 实训分析

1) 指令形式

从实训中可以看出,指令有两种形式:助记符指令和机器码指令(机器指令)。助记符指令只有翻译成机器码后,单片机才能直接执行。机器码指令分为以下 3 种:

单字节指令:机器码只有一个字节的指令称为单字节指令。例如单字节指令 CLR A 的机器码是 E4H。

双字节指令:机器码包括两个字节的指令称为双字节指令。例如双字节指令 MOV A,#55H 的机器码是 74H 55H。

三字节指令:机器码包括3个字节的指令称为三字节指令。例如三字节指令 MOV P1, #55H的机器码是 75H 90H 55H。

单片机指令系统中,大多数指令是单字节指令和双字节指令。

2)指令分析

(1)MOV P1,#55H;将常数55H送入P1口,在助记符指令中,常数称为立即数。

立即数55H:　　0 1 0 1 0 1 0 1

对应P1口各位:P1.7 P1.6 P1.5 P1.4 P1.3 P1.2 P1.1 P1.0

相应的LED状态:

(2)MOV 20H,#0F0H;将立即数0F0H送到内部RAM的20H单元中。

MOV P1,20H:将20H单元的内容,即0F0H送到P1口。发光二极管的状态为

0F0H:　　1　1　1　1　0　0　0　0

P1口:　P1.7　P1.6　P1.5　P1.4　P1.3　P1.2　P1.1　P1.0

LED状态

(3)MOV A,#0F0H　　;将立即数0F0H送到累加器A中。

MOV P1,A　　　　;将累加器A的内容,即0F0H送到P1口。发光二极管的状态同
　　　　　　　　　　(2)。

(4)MOV R4,#0FH　　;将立即数0FH送到寄存器R4中。

MOV P1,R4;将寄存器R4的内容,即0FH送到P1口。发光二极管的状态如下:

0FH:　　0　0　0　0　1　1　1　1

P1口:　P1.7　P1.6　P1.5　P1.4　P1.3　P1.2　P1.1　P1.0

LED状态:

(5)MOV 20H,#0AAH;将立即数0AAH送到内部RAM的20H单元中。

MOV R0,#20H;将立即数20H送到R0寄存器中。

MOV P1,@R0;将R0所指向的20H单元的内容,即0AAH送到P1口中,二极管的状态如
　　　　下:

0AAH:　　1　0　1　0　1　0　1　0

P1口:　P1.7　P1.6　P1.5　P1.4　P1.3　P1.2　P1.1　P1.0

LED状态:

(6)MOV　A,#55H　;将立即数0F0H送到累加器A中。

MOV　P1,A　　　　;将累加器A的内容,即55H送到P1口。发光二极管的状态同(1)。

AND A,#0FH　　　;累加器A的内容55H与立即数0FH进行逻辑"与"操作,结果为
　　　　　　　　　05H,再送回累加器A中。

MOV P1,A　　　　;将累加器A的内容,即05H送到P1口。发光二极管的状态如下:

05H:　　　0　0　0　0　0　1　0　1

P1口:　　　P1.7　P1.6　P1.5　P1.4　P1.3　P1.2　P1.1　P1.0

LED状态:

OR A,#0F0H;累加器A的内容05H与立即数0F0H进行逻辑"或"操作,结果为0F5H,再
送回累加器A中。

MOV P1,A;将累加器 A 的内容,即 0F5H 送到 P1 口。发光二极管的状态如下:

0F5H:		1	1	1	1	0	1	0	1
P1 口:		P1.7	P1.6	P1.5	P1.4	P1.3	P1.2	P1.1	P1.0
LED 状态:									

(7)CLR A   ;累加器清 0。

MOV P1,A   ;将累加器 A 的内容,即 00H 送到 P1 口。发光二极管的状态是全亮。

CPL A   ;将 A 的内容 00H 按位取反,结果为 0FFH。

MOV P1,A   ;将累加器 A 的内容,即 0FFH 送到 P1 口。发光二极管的状态是全灭。

(8)MOV A,#01H;将立即数 01H 送到累加器 A 中。

MOV P1,A   ;将累加器 A 的内容,即 01H 送到 P1 口。发光二极管的状态如下:

01H:		0	0	0	0	0	0	0	1
P1 口:		P1.7	P1.6	P1.5	P1.4	P1.3	P1.2	P1.1	P1.0
LED 状态:									

RL A;移位指令,将 A 的内容 01H 循环左移一位,结果为 02H。

MOV P1,A;将累加器 A 的内容,即 02H 送到 P1 口。发光二极管的状态如下:

02H:		0	0	0	0	0	0	1	0
P1 口:		P1.7	P1.6	P1.5	P1.4	P1.3	P1.2	P1.1	P1.0
LED 状态:	RL A;A 的内容 02H 左移一位,结果为 04H。								

MOV P1,A ;将累加器 A 的内容,即 04H 送到 P1 口。发光二极管的状态如下:

02H:		0	0	0	0	0	1	0	0
P1 口:		P1.7	P1.6	P1.5	P1.4	P1.3	P1.2	P1.1	P1.0
LED 状态:									

3)现象分析

在实训中看到以下现象:往 P1 口传送数据的指令中,数据的来源不尽相同。数据是指令的操作对象,叫做操作数。指令必须给出操作数所在的地方,才能进行数据传送。寻找操作数地址的方法,称为寻址方式。下面是在实训中遇到的采用了不同寻址方式的指令:

MOV P1,#55H   ;把操作数直接写在指令中,称为立即数寻址。

MOV P1,20H   ;把存放操作数的内存单元的地址直接写在指令中,称为直接寻址。

MOV P1,A   ;把操作数存放在寄存器中,称为寄存器寻址。

MOV P1,@ R0   ;把存放操作数的内存单元的地址放在寄存器 R0 中,这种寻址方式
                  称为寄存器间接寻址。

除了以上 4 种寻址方式之外,MCS—51 单片机还有变址寻址方式、相对寻址方式和位寻址方式等。

思考:指出操作的每一条指令的寻址方式。

注意:P1 与寄存器 R0～R7、累加器 A 不同,它是内部 RAM 单元 90H 的符号地址,只能作为内存单元直接寻址。

5. **实训分析与总结**

实训 3　信号灯的控制

1. **实训目的**(学习能力强的同学可根据需要自行编写程序,若不能编写程序,则只需将下列程序下载到单片机运行即可)

(1)掌握汇编语言程序的基本结构。

(2)了解汇编语言程序设计的基本方法和思路。

2. **实训设备与器件**

(1)实训设备:单片机开发系统、微机等。

(2)实训器件与电路:参见图 2.27。

3. **实训步骤与要求**

(1)运行程序 1,观察 8 个发光二极管的亮灭状态。

(2)在实训 1 的实训电路中增加一个拨动开关,如下图所示。

将拨动开关 S0 拨到 +5 V 位置,运行程序 2,观察发光二极管的亮灭状态;将拨动开关 S0 拨到接地位置,运行程序 2,观察发光二极管的亮灭状态。

(3)运行程序 3,观察 8 个发光二极管的亮灭状态。

程序 1:所有发光二极管不停地闪动。

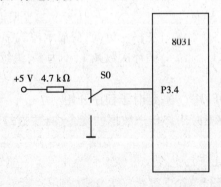

图 2.27　实训项目 3 中的开关电路

```
        ORG  0000H        ;程序从地址 0000H 开始存放
START:  MOV  P1,#00H      ;把立即数 00H 送 P1 口,点亮所有发光二极管
        ACALL  DELAY      ;调用延时子程序
        MOV    P1,#0FFH   ;灭掉所有发光二极管
        ACALL  DELAY      ;调用延时子程序
        AJMP   START      ;重复闪动
```

```
DELAY：MOV R3,#7FH        ;延时子程序
DEL2：  MOV    R4,#0FFH
DEL1：  NOP
DJNZ：  R4,DEL1
        DJNZ    R3,DEL2
        RET
        END;
```

程序2：用开关控制发光二极管的显示方式。

```
        ORG    0000H
        MOV    P3,#00010000B ;使 P3 口锁存器的 P3.4 置位
        MOV    A,P3           ;读 P3 口引脚线信号
        ANL A,#00010000B      ;"逻辑与"操作,屏蔽掉无关位
        JZ DDPING             ;判断 P3.4 是否接地,若是,跳转到 DDPING 执行
        MOV P1,#00            ;否则,P3.4 接高电平,点亮所有发光二极管
        SJMP   $
DDPING：MOV P1,#55H           ;P3.4 接地,发光二极管交叉亮灭
        SJMP   $
        END
```

程序3：使 8 个发光二极管顺序点亮。

```
        ORG    0000H
START： MOV    R2,#08H        ;设置循环次数
        MOV    A,#0FEH        ;送显示模式字
NEXT：  MOV    P1,A           ;点亮连接 P1.0 的发光二极管
        ACALL   DELAY
        RL   A                ;左移一位,改变显示模式字
        DJNZ R2,NEXT          ;循环次数减1,不为零,继续点亮下面一个二极管
        SJMP START
DELAY： MOV    R3,#0FFH        ;延时子程序开始
DEL2：  MOV R4,#0FFH
DEL1：  NOP
        DJNZ R4,DEL1
        DJNZ    R3,DEL2
        RET
        END
```

4. 实训分析与总结

学习情境 3

单片机的定时/计数器、中断系统和串行口

任务一　MCS—51 单片机的定时/计数器

> **知识点及目标:** 定时器是单片内部一个很重要的硬件资源,是单片机进行时间测量的重要工具。我们要学习其结构、定时方式、定时方式控制寄存器 TMOD 和定时器控制寄存器 TCON、定时器应用及编程。
>
> **能力点及目标:** 了解定时器的结构及工作方式,可以掌握使用单片机进行有关时间方面的应用。普通维护工种人员只需完成定时器的基本了解,维修工种人员则在此基础上还要完成定时器的应用编程。

任务描述

　　单片机的定时器是系统内部一个很重要的硬件资源,我们通过对其结构、定时方式、定时方式控制寄存器 TMOD 和定时器控制寄存器 TCON、定时器应用及编程的学习,与实训结合,做到能维护、维修单片机系统,能根据需要对程序作一定的改进,使之能更好地为自控系统服务。

任务分析

　　本学习重点是要理解,而不是简单的记忆,要求学生对前面的指令和程序编写方法要熟练。

相关知识

一、单片机的定时/计数器

1. 定时/计数器的实质

大多数单片机内部都集成了定时/计数器的功能模块,而且单片机的定时/计数功能模块常常放在一起说,因为这两个功能模块在单片机中使用同一个电路来实现,只是定时/计数功能模块"计算个数"的对象不一样:一个是时间单位的个数,另一个是外部事件的个数。既然定时/计数器模块在单片机中由同一个计数电路来担任,以后对定时/计数器模块描述时统一使用"Timer"来指代计数电路。

2. 时间单位脉冲

由此可见,当 Timer 作为定时器时,计算的是时间单位脉的个数,单位脉冲的周期就是机器周期,即 12 个振荡周期。

二、定时/计数器的控制

1. 定时/计数器组成框图

8051 单片机内部有两个 16 位的可编程定时/计数器,称为定时器 0(T0)和定时器 1(T1),可编程选择其作为定时器用或作为计数器用。此外,工作方式、定时时间、计数值、启动、中断请求等都可以由程序设定,其逻辑结构如图 3.1 所示。

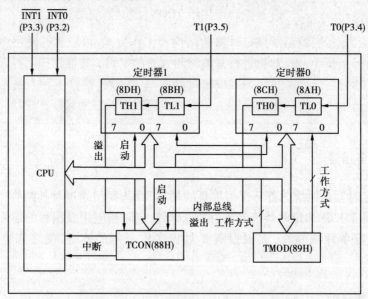

图 3.1 8051 定时器/计数器逻辑结构图

由图 3.1 可知,8051 定时/计数器由定时器 0、定时器 1 的启动、设置和关闭与特殊功能寄存器中的 TCON、TMOD、TH0、TL0、TH1、TL1 等寄存器有关。

定时器 0、定时器 1 是 16 位加法计数器,分别由两个 8 位专用寄存器组成:定时器 0 由 TH0 和 TL0 组成,定时器 1 由 TH1 和 TL1 组成。TL0、TL1、TH0、TH1 的访问地址依次为

8AH～8DH,每个寄存器均可单独访问。定时器0或定时器1用作计数器时,对芯片引脚T0(P3.4)或T1(P3.5)上输入的脉冲计数,每输入一个脉冲,加法计数器加1;其用作定时器时,对内部机器周期脉冲计数,由于机器周期是定值,故计数值确定时,时间也随之确定。

TMOD、TCON与定时器0、定时器1间通过内部总线及逻辑电路连接,TMOD用于设置定时器的工作方式,TCON用于控制定时器的启动与停止。

2.定时/计数器工作原理

当定时/计数器设置为定时工作方式时,计数器对内部机器周期计数,每过一个机器周期,计数器增1,直到计数器计满溢出。定时器的定时时间与系统的振荡频率紧密相关,因MCS—51单片机的一个机器周期由12个振荡脉冲组成,所以,定时与晶振频率相关,而晶振频率是一个相当稳定的时钟信号,因此可以利用Timer进行精确的时间控制。

当定时/计数器设置为计数工作方式时,计数器对来自输入引脚T0(P3.4)和T1(P3.5)的外部信号计数,外部脉冲的下降沿将触发计数。在每个机器周期的S5P2期间采样引脚输入电平,若前一个机器周期采样值为1,后一个机器周期采样值为0,则计数器加1。新的计数值是在检测到输入引脚电平发生1到0的负跳变后,于下一个机器周期的S3P1期间装入计数器中的,可见,检测一个由1到0的负跳变需要两个机器周期,所以,最高检测频率为振荡频率的1/24。计数器对外部输入信号的占空比没有特别的限制,但必须保证输入信号的高电平与低电平的持续时间在一个机器周期以上。

当设置了定时器的工作方式并启动定时器工作后,定时器就按被设定的工作方式独立工作,不再占用CPU的操作时间,只有在Timer计满,也就是溢出时才可能中断CPU当前的操作。关于定时器的中断将在下一部分讨论。

3.定时/计数器有关寄存器

从上面的内容大家清楚了,在启动定时/计数器工作之前,CPU必须将一些命令(称为控制字)写入定时/计数器中,设定好其工作方式,这个过程称为定时/计数器的初始化。定时/计数器的初始化通过定时/计数器的方式寄存器TMOD和控制寄存器TCON完成。下面我们就将有关的寄存器一一介绍给大家。

1)Timer寄存器

T0和T1各有一个长度为2个字节的Timer寄存器,每个寄存器由低位字节TL0或TL1和高位字节TH0或TH1两个特殊功能寄存器组成,它们位于特殊功能寄存器区的8AH～8DHh,TL0和TH0构成Timer0寄存器,TL1和TH1构成Timer1寄存器。

TL0、TH0、TL1、TH1这四个寄存器可以像累加器ACC等一样进行数据的装载和读取。如指令"MOV-TL0,#4FH"向Timer0的低位字节TL0中装载立即数4FH;指令"MOV R0,#4FH"则把Timer1寄存器的高位字节读到工作寄存器R2中。

Timer寄存器用来装载计数初值,当Timer启动后,就会从Timer寄存器中的初始值开始,一直计数到最大值后溢出,这就是C定时或计数的过程。

例3.1　写一段程序实现向Timer1寄存器装载计数初值2FA3H。

程序:　　MOV　　TL1,#0A3H

　　　　　MOV　　TH1,#2FH

运行结果:TL1＝A3H,TL1＝2FH,Timer1寄存器的计数初始值为2FA3H。

2)定时/计数器模式控制寄存器TMOD

TMOD 是"timer moder"的缩写,意思是"定时/计数模式",它在特殊功能寄存器区的 89H 上。Timer1 和 Timer0 都通过 TMOD 来设置工作模式。TMOD 寄存器由高 4 位和低 4 位组成,分别控制 Timer1 和 Timer0,其格式如下:

TMOD	D7	D6	D5	D4	D3	D2	D1	D0
	GATE	C/$\overline{\text{T}}$	M1	M0	GATE	C/$\overline{\text{T}}$	M1	M0

TMOD 的低 4 位为定时器 0 的方式字段,高 4 位为定时器 1 的方式字段,它们的含义完全相同。

(1)M1 和 M0:方式选择位。定义如表 3.1 所述:

表 3.1　定时器的几种工作方式

M1 M0	工作方式	功能说明
00	0	13 位计数器
01	1	16 位计数器
10	2	自动重装初值的 8 位计数器
11	3	定时器 0:分成两个 8 位计数器定时器;1:停止计数。

(2)C/T 功能选择位。为 0 时,设置为定时器工作方式;为 1 时,设置为计数器工作方式。

(3)GATE:Timer 的门控位。用于设定单片机 Timer 的硬件和软件启动或关闭。

当 GATE =0 时,软件启动或关闭:软件控制位 TR0 或 TR1 置 1 即可启动定时器,可以用指令"SETB TR0"来启动 Timer 0,并使用指令"CLR TR0"来关闭 Timer 0。类似地,可以用指令"SETB TR1"来启动 Timer1,并使用指令"CLR TR1"来关闭 Timer1。

当 GATE =1 时,可以实现外部信号对 Timer 启动/关闭的控制。软件控制位 TR0 或 TR1 需置 1,同时还需INT 0(P3.2)或INT1(P3.3)为高电平方可启动定时器,即允许外中断、启动定时器。

TMOD 不能位寻址,只能用字节指令设置高 4 位定义定时器 1,低 4 位定义定时器 0 定时器工作方式。复位时,TMOD 所有位均置 0。

例 3.2　写一个指令实现设置 Timer 0 和 Timer1 的门控位　GATE =0 时,两个 Timer 都工作在定时器的模式 1 下。

指令:MOV　TMOD,#00010001B

3)定时器/计数器控制寄存器 TCON

TCON 是"timer control"的缩写,即定时/计数器控制的意思。它在特殊功能寄存器区的 88H 上,TCON 的功能有:显示 Timer 溢出与否、启动/关闭 Timer、外部中断方式控制、外部中断标志位。

TCON	8FH	8EH	8DH	8CH	8BH	8AH	89H	88H
(88H)								
	TF1	TR1	TF0	TR0	IE1	IT1	IE0	IT0

各位含义如下:

(1)TCON.7   TF1:定时器 1 溢出标志位。当定时器 1 计满数产生溢出时,由硬件自动置 TF1 = 1。在中断允许时,向 CPU 发出定时器 1 的中断请求,进入中断服务程序后,由硬件自动清 0。在中断屏蔽时,TF1 可作查询测试用,此时只能由软件清 0。

(2)TCON.6   TR1:定时器 1 运行控制位。由软件置 1 或清 0 来启动或关闭定时器 1。当 GATE = 1,且 $\overline{INT1}$ 为高电平时,TR1 置 1 启动定时器 1;当 GATE = 0 时,TR1 置 1 即可启动定时器 1。

(3)TCON.5   TF0:定时器 0 溢出标志位。其功能及操作情况同 TF1。

(4)TCON.4   TR0:定时器 0 运行控制位。其功能及操作情况同 TR1。

(5)TCON.3   IE1:外部中断 1 请求标志位。

(6)TCON.2   IT1:外部中断 1 触发方式选择位。

(7)TCON.1   IE0:外部中断 0 请求标志位。

(8)TCON.0   IT0:外部中断 0 触发方式选择位。

TCON 中的低 4 位用于控制外部中断,与定时/计数器无关,将在下一节中介绍。当系统复位时,TCON 的所有位均为 0。

TCON 的字节地址为 88H,可以位寻址,清除溢出标志位或启动定时器都可以用位操作指令。如指令:SETB   TR1 和 JBC   TF1,L。

例 3.3   请编写以下几个指令:(a)启动 Timer0;(b)判断 Timer0 计数是否完成,如果完成就跳到 LOOP 标号;(c)关闭 Timer0。

指令:(a)SETB   TR0

(b)JB   TF0,LOOP

(c)CLR   TR0

4.定时/计数器的初始化

由于定时/计数器的功能是由软件编程确定的,所以,一般在使用定时器/计数前都要对其进行初始化。初始化步骤如下:

(1)确定工作方式——对 TMOD 赋值。

定时器 1 工作在方式 1,且工作在定时器方式,指令如下:

MOV   TMOD,#10H

(2)预置定时或计数的初值——直接将初值写入 TH0、TL0 或 TH1、TL1。定时/计数器的初值因工作方式的不同而不同。设最大计数值为 M,则各种工作方式下的 M 值如下:

方式 0:$M = 2^{13} = 8\ 192$

方式 1:$M = 2^{16} = 65\ 536$

方式 2:$M = 2^8 = 256$

方式 3:定时器 0 分成两个 8 位计数器,所以两个定时器的 M 值均为 256。

因定时/计数器工作的实质是做"加 1"计数,所以,当最大计数值 M 值已知时,初值 X 可计算如下:

$$X = M - 计数值$$

比如定时器 1 采用方式 1 定时,$M = 65\ 536$,因要求每 50 ms 溢出一次,如采用 12 MHz 晶振,则计数周期 $T = 1\ \mu s$,最大计数值为 65 536,计数初值为 X,则 50 ms = $(65\ 536 - X)T_C$,计算

出 $X = 15\ 536 = 3CB0H$，T_C 为机器周期。

将 3C、B0 分别装载给 TH1、TL1。指令如下

        MOV   TH1,#3CH
        MOV   TL1,#0B0H

（3）根据需要开启定时/计数器中断——直接对 IE 寄存器赋值。下一情境讲述中断的概念时将讨论这部分内容。

（4）启动定时/计数器工作——将 TR0 或 TR1 置"1"。

GATE = 0 时，直接由软件置位启动；GATE = 1 时，除软件置位外，还必须在外中断引脚处加上相应的电平值才能启动。其指令为：SETB   TR1。

至此为止，定时/计数器的初始化过程已完毕，读者可以通过阅读本情境实训 1，在定时器查询方式应用中的 DELAY 程序中可以熟悉其应用。

三、定时/计数器的工作方式

由前述内容可知，通过对 TMOD 寄存器中 M0、M1 位进行设置，可选择 4 种工作方式，这 4 种工作方式的区别在于是否有自动重装初值、计数位不同等。下面逐一进行论述，并通过一些例子学习不同 Timer 模式在不同场合下的应用。

1. 模式 0

模式 0 下 Timer 寄存器是 13 位的。图 3.2 是定时器 0 在模式 0 时的逻辑电路结构，定时器 1 的结构和操作与定时器 0 完全相同。

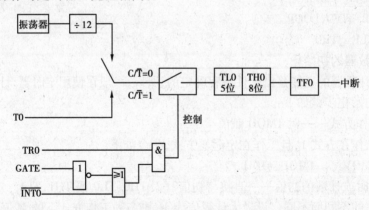

图 3.2   定时器 0（或定时器 1）在方式 0 时的逻辑电路结构图

由图可知：16 位加法计数器（TH0 和 TL0）只用了 13 位。其中，TH0 占高 8 位，TL0 占低 5 位（只用低 5 位，高 3 位未用）。当 TL0 低 5 位溢出时自动向 TH0 进位，而 TH0 溢出时向中断位 TF0 进位（硬件自动置位），并申请中断。

当 C/T = 0 时，多路开关连接 12 分频器输出，定时器 0 对机器周期计数，此时，定时器 0 为定时器。

当 C/T = 1 时，多路开关与 T0（P3.4）相连，外部计数脉冲由 T0 脚输入，当外部信号电平发生由 0 到 1 的负跳变时，计数器加 1，此时，定时器 0 为计数器。

当 GATE = 0 时，或门被封锁，信号无效。或门输出常为 1，打开与门，TR0 直接控制定时

器 0 的启动和关闭。TR0 = 1,接通控制开关,定时器 0 从初值开始计数直至溢出。溢出时,13 位加计数器为 0,TF0 置位,并申请中断。如要循环计数,则定时器 0 需重置初值,且需用软件将 TF0 复位,实训 1 中就采用了重置初值语句和 JBC 命令。TR0 = 0,则与门被封锁,控制开关被关断,停止计数。

当 GATE = 1 时,与门的输出由的输入电平和 TR0 位的状态来确定。若 TR0 = 1 则与门打开,外部信号电平通过引脚 P3.2 或 P3.3 直接开启或关断定时器 0,当为高电平时,允许计数,否则停止计数;若 TR0 = 0,则与门被封锁,控制开关被关断,停止计数。

例 3.4　用定时器 1,方式 0 实现实训 1 中 1 s 的延时。

解　因方式 0 采用 13 位计数器,其最大定时时间为:8 192 × 1 μs = 8.192 ms,因此,定时时间不可能像实训 1 那样选择 50 ms,可选择定时时间为 5 ms,再循环 200 次。定时时间选定后,再确定计数值为 5 000,则定时器 1 的初值为

$$t = (8\,192 - X)T_C$$

$$T_C = 1\ \mu s$$

$$X = M - 计数值 = 8\,192 - 5\,000 = 3\,192 = C78H = 0110001111000B$$

因 13 位计数器中 TL1 的高 3 位未用,应填写 0,TH1 占高 8 位,所以,X 的实际填写值应为

$$X = 01100011YYY11000B = 6318H$$

即:Y 为无关位,因只用低 5 位。TH1 = 63H,TL1 = 18H,又因采用方式 0 定时,故 TMOD = 00H。

可编得 1 s 延时子程序如下:

```
DELAY：  MOV    R3,#200;       置 5 ms 计数循环初值
        MOV    TMOD,#00H；    设定时器 1 为方式 0
        MOV    TH1,#63H；      置定时器初值
        MOV    TL1,#18H
        SETB   TR1；           启动 T1
LP1：    JBC    TF1,LP2；      查询计数溢出
        SJMP   LP1；           未到 5 ms 继续计数
LP2：    MOV    TH1,#63H；     重新置定时器初值
        MOV    TL1,#18H
        DJNZ   R3,LP1；        未到 1 s 继续循环
        RET；                  返回主程序
```

将此程序替代实训 1 查询方式中的延时程序,可得到与实训 1 同样的效果。请读者自行验证。

2.模式 1

定时器工作于方式 1 时,其逻辑结构图如图 3.3 所示。

由图 3.3 可知,方式 1 构成一个 16 位定时/计数器,其结构与操作几乎完全与方式 0 相同,唯一差别是二者计数位数不同。作定时器用时其初始值为 X 的计算公式为 $t = (8\,192 - X)T_C$,其应用在实训 1 中的 1 s 延时程序中有说明,可参考一下。

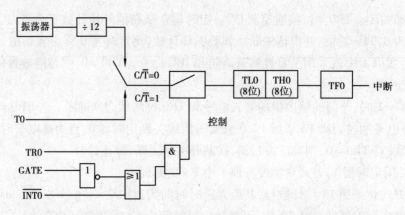

图 3.3　定时器 0(或定时器 1)在方式 1 时的逻辑结构图

3. 模式 2

定时/计数器工作于模式 2 时,其逻辑结构图如图 3.4 所示。

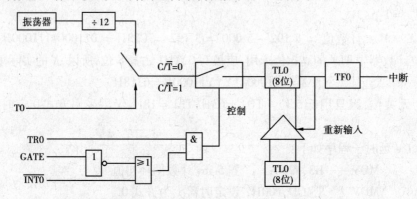

图 3.4　定时器 0(或定时器 1)方式 2 时的逻辑结构图

由图可知,模式 2 中,16 位加法计数器的 TH0 和 TL0 具有不同功能,其中,TL0 是 8 位计数器,TH0 是重置初值的 8 位缓冲器。

从实训 1 和例 3-4 中可看出,方式 0 和方式 1 用于循环计数,在每次计满溢出后,计数器都清 0,要进行新一轮计数还需重置计数初值。这不仅导致编程麻烦,而且影响定时时间精度。方式 2 具有初值自动装入功能,避免了上述缺陷,适合用作较精确的定时脉冲信号发生器。其定时时间为:

$$t = (256 - X)T_c$$

方式 2 中 16 位加法计数器被分割为两个,TL0 用作 8 位计数器,TH0 用以保持初值。在程序初始化时,TL0 和 TH0 由软件赋予相同的初值。一旦 TL0 计数溢出,TF0 将被置位,同时,TH0 中的初值装入 TL0,从而进入新一轮计数,如此循环不止。

例 3.5　试用定时器 1,方式 2 实现实训 1 中 1 s 的延时。

解　因方式 2 是 8 位计数器,其最大定时时间为:$256 \times 1 \ \mu s = 256 \ \mu s$,为实现 1 s 延时,可选择定时时间为 250 μs,再循环 4 000 次。只能按多重循环来设定。定时时间选定后,可确定计数值为 250,则定时器 1 的初值为:$X = M -$ 计数值 $= 256 - 250 = 6 = 6H$。采用定时器 1,方式 2 工作,因此,TMOD = 20H。

可编得 1 s 延时子程序如下:

DELAY：	MOV	R5,#28H；	置 25 ms 计数循环初值
	MOV	R6,#64H；	置 250 μs 计数循环初值
	MOV	TMOD,#20H；	置定时器 1 为方式 2
	MOV	TH1,#06H；	置定时器初值
	MOV	TL1,#06H	
	SETB	TR1；	启动定时器
LP1：	JBC	TF1,LP2；	查询计数溢出
	SJMP	LP1；	无溢出则继续计数
LP2：	DJNZ	R6,LP1；	未到 25 ms 继续循环
	MOV	R6,#64H	
	DJNZ	R5,LP1；	未到 1 s 继续循环
	RET		

4. 模式 3

对 MCS—51 单片机来说,前面 3 种工作模式均适用于 T0 和 T1,但模式 3 只适用于 T0,而 T1 不具有模式 3,定时/计数器工作于方式 3 时,其逻辑结构图如图 3.5 所示。

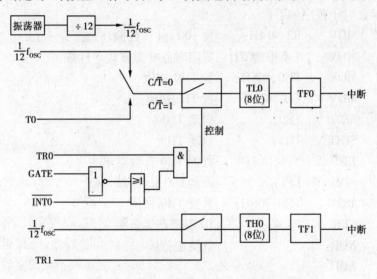

图 3.5　定时器 0 在方式 3 时的逻辑结构

由图可知,方式 3 时,定时器 0 被分解成两个独立的 8 位的寄存器 TL0 和 TH0。也就是说,Timer0 变成了两个独立的 8 位计数器。但不具备重装计数初值的特性。模式 3 服务于同时需要两 8 位 Timer 的场合。

这两个独立的 8 位 Timer 中,TL0 占用原定时器 0 的控制位、引脚和中断源,即 GATE、TR0、TF0 和 T0(P3.4)引脚、(P3.2)引脚。除计数位数不同于方式 0、方式 1 外,其功能、操作与方式 0、方式 1 完全相同,可定时亦可计数。TH0 占用原定时器 1 的控制位 TF1 和 TR1,同时还占用了定时器 1 的中断源,其启动和关闭仅受 TR1 置 1 或清 0 控制。TH0 只能对机器周期进行计数,因此,TH0 只能用作简单的内部定时,不能用作对外部脉冲进行计数,是定时器 0 附加的一个 8 位定时器。

模式 3 时,定时器 1 仍可设置为方式 0、方式 1 或方式 2。但由于 TR1、TF1 及 T1 的中断源已被定时器 0 占用,此时,定时器 1 仅由控制位切换其定时或计数功能,当计数器计满即溢出时,只能将输出送往串行口。在这种情况下,定时器 1 一般用作串行口波特率发生器或不需要中断的场合。因定时器 1 的 TR1 被占用,因此其启动和关闭较为特殊,当设置好工作方式时,定时器 1 即自动开始运行。若要停止操作,只需送入一个设置定时器 1 为方式 3 的方式字即可。

例 3.6 用定时器 0 的方式 3 实现实训 1 中 1 s 的延时。

解 根据题意,定时器 0 中的 TH0 只能为定时器,定时时间可设为 250 μs;TL0 设置为计数器,计数值可设为 200。TH0 计满溢出后,用软件复位的方法使 T0(P3.4)引脚产生负跳变,TH0 每溢出一次,T0 引脚便产生一个负跳变,TL0 便计数一次。TL0 计满溢出时,延时时间应为 50 ms,循环 20 次便可得到 1 s 的延时。

由上述分析可知,TH0 计数初值为

$$X = (256 - 250) = 6 = 06H$$

TL0 计数初值为

$$X = (256 - 200) = 56 = 38H$$
$$TMOD = 00000111B = 07H$$

可编得 1 s 延时子程序如下:

```
DELAY:    MOV    R3,#14H;      置 100 ms 计数循环初值
          MOV    TMOD,#07H;    置定时器 0 为方式 3 计数
          MOV    TH0,#06H;     置 TH0 初值
          MOV    TL0,#38H;     置 TL0 初值
          SETB   TR0;          启动 TL0
          SETB   TR1;          启动 TH0
LP1:      JBC    TF1,LP2;      查询 TH0 计数溢出
          SJMP   LP1;          未到 500 μs 继续计数
LP2:      MOV    TH0,#06H;     重置 TH0 初值
          CLR    P3.4;         T0 引脚产生负跳变
          NOP;                 负跳变持续
          NOP
          SETB   P3.4;         T0 引脚恢复高电平
          JBC    TF0,LP3;      查询 TH0 计数溢出
          SJMP   LP1;          100 ms 未到继续计数
LP3:      MOV    TL0,#38H;     重置 TL0 初值
          DJNZ   R3,LP1;       未到 1 s 继续循环
          RET
```

四、定时/计数器的编程和应用

定时/计数器是单片机应用系统中的重要部件,通过下面实例可以看出,灵活应用定时/计数器可提高编程技巧,减轻 CPU 的负担,简化外围电路。

例 3.7 用单片机定时器/计数器设计一个秒表,由 P1 口连接的 LED 采用 BCD 码显示,

发光二极管亮表示 0,暗表示 1。计满 60 s 后从头开始,依次循环。

解 定时器 0 工作于定时方式 1,产生 1 s 的定时,程序类似于实训 1 的步骤 1,这里不再重复。定时器 1 工作在方式 2,当 1 s 时间到时,由软件复位 T1(P3.5)脚,产生负跳变,再由定时器 1 进行计数,计满 60 次(1 分钟)溢出,再重新开始计数。

按上述设计思路可知:方式寄存器 TMOD 的控制字应为 61H;定时器 1 的初值应为:

$$256 - 60 = 196 = C4H$$

其源程序可设计如下:

```
                ORG        0000H
        MOV     TMOD,#61H; 定时器 0 以方式 1 定时,定时器 T1 以方式 2 计数
        MOV     TH1,#0C4H; 定时器 1 置初值
        MOV     TL1,#0C4H
        SETB    TR1;       启动定时器 1
DISP:   MOV     A,#00H     ;计数显示初始化
        MOV     P1,A
CONT:   ACALL   DELAY
        CLR     P3.5;      T1 引脚产生负跳变
        NOP
        NOP
        SETB    P3.5;      T1 引脚恢复高电平
        INC     A;         累加器加 1
        DA      A;         将 16 进制数转换成 BCD 数
        MOV     P1,A;      点亮发光二极管
        JBC     TF1,DISP;  查询定时器 1 计数溢出
        SJMP    CONT;      60 s 不到继续计数
DELAY:  MOV     R3,#14H;   置 50 ms 计数循环初值
        MOV     TH0,#3CH;  置定时器初值
        MOV     TL0,#0B0H
        SETB    TR0;       启动定时器 0
LP1:    JBC     TF0,LP2;   查询计数溢出
        SJMP    LP1;       未到 50 ms 继续计数
LP2:    MOV     TH0,#3CH;  重新置定时器初值
        MOV     TL0,#0B0H
        DJNZ    R3,LP1;    未到 1 s 继续循环
        RET;               返回主程序
        END
```

例 3.8 脉冲参数测量——GATE 功能的使用。

脉冲高电平(计数)长度值存于 21H、20H 中,

脉冲低电平长度存于 23H、22H 中。

电路连接如图 3.6 所示。

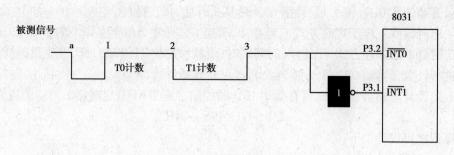

图 3.6　例 3.8 图

复习 GATE 的用法：

$$GATE = 0 \text{ 时}, TRi = 1, \text{即可启动 Ti 定时/计数}$$

$$GATE = 1 \text{ 时}, TRi = 1, \text{且 INT} = 1, \text{才启动定时/计数}。$$

```
                ORG        0000H
                LJMP       MAIN
                ORG        2000H
MAIN:    MOV    TMOD,#99H;  T0、T1 均工作在定时,模式 1,GATE = 1
         CLR    A;          T0、T1 赋计数初值 00H,定时最长时间为
                            0000 ~ 65536
         MOV    TL0,A
         MOV    TH0,A
         MOV    TL1,A
         MOV    TH1,A
TEST0:   JB     P3.2,TEST0; 检测是否到 a 点
         SETB   TR0;        到 a 点,TR0 = 1,做好取计时值准备。
TEST1:   JNB    P3.2,TEST1; 检测是否到 1 点
         SETB   TR1;        到 1 点 T0 计时;TR1 = 1,做好 T1 计时准备。
TEST2:   JB     P32,TEST2;  检测是否到 2 点
         CLR    TR0;        到 2 点,停止 T0 计时,T1 开始计时。
         MOV    20H,TH0;    保存 T0 计时结果
         MOV    21H,TL0
TEST3:   JB     P3.3,TEST3; 检测是否到 3 点
         CLR    TR1;        到 3 点,停止 T1 计数
         MOV    22H,TH1;    保存 T1 计数结果
         MOV    23H,TL1
         LCALL  DISP;       处理结果
         SJMP   $
```

通过本节叙述可知,定时/计数器既可用作定时亦可用作计数,而且其应用方式非常灵活。同时,还可看出,软件定时不同于定时器定时(也称硬件定时)。软件定时采用的是对循环体内指令机器数进行计数,定时器定时是采用加法计数器直接对机器周期进行计数。二者工作

机理不同,置初值方式也不同,相比之下,定时器定时在方便程度和精确程度上都高于软件定时。此外,软件定时在定时期间一直占用 CPU,而定时器定时如采用查询工作方式,一样占用 CPU,如采用中断工作方式,则在其定时期间 CPU 可处理其他指令,从而可以充分发挥定时/计数器的功能,大大提高 CPU 的效率。中断方式如何工作,将在下一个任务中介绍。

任务巩固

1. 8051 单片机有几个 Timer(定时器)? 分别叫做什么?

2. 与 Timer 有关的特殊功能寄存器有哪些? 它们的地址是什么?

3. TH0、TL0、TH1、TL1 用来做什么? 它的长度是多少?

4. TMOD 有哪些位? 描述每位的功能。

5. TCON 有哪几位与 Timer 直接相关? 它们的功能是什么?

6. 如何启动和停止 Timer? 如何判断 Timer 计数是否完成?

7. 写一程序,用定时器在单片机的 P1.0 引脚上产生 1.5 KHz 的方波。

8. 比较 Timer 的各种模式有什么不同。

9. 如何利用硬件来控制 Timer 的启动和关闭?

任务二　MCS—51 单片机的中断系统

> 知识点及目标:中断系统是单片内部一个很重要的硬件资源,我们要学习其结构、中断允许寄存器 IE、中断优先级控制寄存器 IP、中断响应和中断入口地址,会应用中断系统编程。
>
> 能力点及目标:了解中断系统的结构及工作方式,普通维护工种人员只需完成中断系统的基本了解,维修工种人员则在此基础上还要完成中断系统的应用编程。

任务描述

单片机的中断系统是内部一个很重要的硬件资源,我们通过对其结构、中断允许寄存器 IE、中断优先级控制寄存器 IP、中断响应和中断入口地址,会应用中断系统编程。与实训结合,做到能维护、维修单片机系统,能根据需要对程序作出改进,使之能更好地为自控系统服务。

任务分析

本学习重点是要理解,而不是简单的记忆,要求学生对前面的指令和程序编写方法要熟练。

相关知识

一、MCS—51 单片机的中断概述

由实训 1 可知,实训 1 的步骤 1)采用查询方式编程,步骤 2)采用中断方式编程,效果相同,但二者有质的区别。前者采用查询法用子程序调用方式延时,在 1 s 延时期间,CPU 只能在延时子程序中运行;后者采用中断方式延时,在 1 s 延时期间,除定时器 1 中断发生时,CPU 以极短的时间运行中断服务程序之外,其余时间均可用来运行其他程序。后者尽管程序较长,但 CPU 效率明显提高。那么,中断是什么? 如何使用中断? 这是本节所要阐述的内容。

1. 中断的概念

中断是单片机和其他 CPU 独具魅力的地方之一,那什么是中断呢? 我们从一个比喻开始谈起。例如,小红在家看书,期间有以下 5 件事可能随时发生:

- 邮递员上门来送信(外部中断 0)
- 朋友来叫小红出去玩(外部中断 1)
- 家里的小狗饿了要吃东西(TF0)
- 水壶的水烧开了(TF1)
- 电话铃响了(RI/TI)

任何一件事的发生都伴随着提示。例如,小狗饿了会"汪汪……"地叫,邮递员来了会问"有人在家吗?",电话打进来时会有铃响等。这 5 件事情对小红产生以下的影响:

- 小红正在看书,无论这 5 件事情中的哪一件事发生,她都需要离开书本去处理,但在离开之前要做好记号以便返回时继续接着看书。
- 在这 5 件事发生之前,小红都需要考虑清楚:如果同时发生两个或两个以上的事件时先去处理哪一个,也就是啊一件事情的处理享有优先权。
- 根据事件发生的场所不同,分别为(屋)外部中断——邮递员、朋友上门,以及(屋)内部中断——小狗叫(TF0)、水烧开了(TF1)、电话响(RI/TI)。

我们把小红比喻成单片机,而这 5 件事就是单片机的 5 个中断源。单片机在执行程序的过程中(小红在看电视),如果有中断事件发生(如电话响),单片机被打断,停下来去处理中断程序(接电话),处理完后继续中断以前的程序执行(接着看电视)。这个过程我们称之为中断。

在单片机系统里,中断是通过硬件来改变 CPU 的运行方向的。计算机在执行程序的过程中,当出现 CPU 以外的某种情况时,由服务对象向 CPU 发出中断请求信号,要求 CPU 暂时中断当前程序的执行而转去执行相应的处理程序,待处理程序执行完毕后,再继续执行原来被中断的程序。这种程序在执行过程中由于外界的原因而被中间打断的情况称为"中断"。实训 1 步骤 2)中,50 ms 定时时间到则发生定时器 1 中断,程序转去执行相应的处理程序 CONT。

"中断"之后所执行的相应的处理程序通常称为中断服务或中断处理子程序,原来正常运行的程序称为主程序。主程序被断开的位置(或地址)称为"断点"。引起中断的原因,或能发出中断申请的来源,称为"中断源"。中断源要求服务的请求称为"中断请求"(或中断申请)。如实训 1 中的中断服务程序是 CONT 程序,主程序中有两处断点(读者自行查找),中断源是定时器 1,在 100 节 ms 定时时间到后由硬件置位 TCON 寄存器中的 TF1 位,然后,自动向 CPU

发出中断请求。

调用中断服务程序的过程类似于调用子程序,其区别在于调用子程序在程序中是事先安排好的,而何时调用中断服务程序事先却无法确定,因为"中断"的发生是由外部因素决定的,程序中无法事先安排调用指令,因此,调用中断服务程序的过程是由硬件自动完成的。

2.中断的特点

1)分时操作

中断可以解决快速的 CPU 与慢速的外设之间的矛盾,使 CPU 和外设同时工作。CPU 在启动外设工作后继续执行主程序,同时外设也在工作。每当外设做完一件事就发出中断申请,请求 CPU 中断它正在执行的程序,转去执行中断服务程序(一般情况是处理输入/输出数据),中断处理完之后,CPU 恢复执行主程序,外设也继续工作。这样,CPU 可启动多个外设同时工作,大大地提高了 CPU 的效率。

2)实时处理

在实时控制中,现场的各种参数、信息均随时间和现场而变化。这些外界变量可根据要求随时向 CPU 发出中断申请,请求 CPU 及时处理中断请求。如中断条件满足,CPU 马上就会响应,进行相应的处理,从而实现实时处理。

3)故障处理

针对难以预料的情况或故障,如掉电、存储出错、运算溢出等,可通过中断系统由故障源向 CPU 发出中断请求,再由 CPU 转到相应的故障处理程序进行处理。

由于中断技术的应用,大大推动了计算机科学和技术的发展,大大拓宽了计算机的应用领域以及各应用领域的自动化和智能水平。但在实际中应注意以下两点:

(1)由于中断的发生是随机的,因而使得由中断驱动的中断服务程序难于把握、检测以及调试,这就要求设计者在设计中断和不断服务程序时要特别谨慎,以确保正确,贴近实际使用环境。

(2)在输入输出的数据处理频率很高或者实时处理要求很高的应用系统中,不宜采用中断方式,因为中断系统在从中断源请求中断到主机响应中断是需要一定时间的。

3.中断源分类

通常,MCS—51 系列单片机的中断源有如下几种:

(1)一般的输入/输出设备。如键盘、打印机等,它们通过接口电路向 CPU 发出中断请求。

(2)实时时钟及外界计数信号。如定时时间或计数次数一到,在中断允许时,由硬件则向 CPU 发出中断请求。

(3)故障源。当采样或运算结果溢出或系统掉电时,可通过报警、掉电等信号向 CPU 发出中断请求。

(4)为调试程序而设置的中断源。调试程序时,为检查中间结果或寻找问题所在,往往要求设置断点或进行单步工作(一次执行一条指令),这些人为设置的中断源的申请与响应均由中断系统来实现。

二、MCS—51 中断系统的结构框图

中断过程是在硬件基础上再配以相应的软件而实现的,不同的计算机,其硬件结构和软件指令是不完全相同的,因此,中断系统也是不相同的。MCS—51 中断系统的结构框图如图 3.6 所示。

由图 3.7 可知,与中断有关的寄存器有 4 个,分别为中断源寄存器 TCON 和 SCON、中断允许控制寄存器 IE 和中断优先级控制寄存器 IP;中断源有 5 个,分别为外部中断 0 请求、外部中断 1 请求、定时器 0 溢出中断请求 TF0、定时器 1 溢出中断请求 TF1 和串行中断请求 RI 或 TI。5 个中断源的排列顺序由中断优先级控制寄存器 IP 和顺序查询逻辑电路共同决定,5 个中断源分别对应 5 个固定的中断入口地址。中断源的申请与响应均由中断系统来实现,按图 3.7 所示,MCS—51 的中断系统的 5 个中断源详述如下:

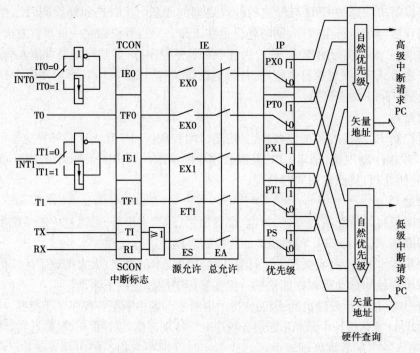

图 3.7　MCS—51 中断系统内部结构示意图

(1)外部中断 0(INT0)请求,由 P3.2 线输入低电平或下降沿引起。通过 IT0 脚(TCON.0)来决定是低电平有效还是下跳变有效。一旦输入信号有效,就向 CPU 申请中断,并建立 IE0 标志。CPU 响应中断转入中断程序服务时,由硬件自动清除请求标志 IE0。

(2)外部中断 1(INT1)请求,由 P3.3 线输入低电平或下降沿引起。通过 IT1 脚(TCON.2)来决定是低电平有效还是下跳变有效。一旦输入信号有效,就向 CPU 申请中断,并建立 IE1标志。需要说明的是:外部中断源请求中断时,CPU 响应中断转入中断程序服务时,由硬件自动清除请求标志 IE1。

(3)TF0:定时器 T0 溢出中断请求。当定时器 0 产生溢出时,定时器 0 中断请求标志位(TCON.5)置位(由硬件自动执行),请求中断处理。CPU 响应中断转入中断程序服务时,由硬件自动清除请求标志 TF0。

(4)TF1:定时器 1 溢出中断请求。当定时器 1 产生溢出时,定时器 1 中断请求标志位(TCON.7)置位(由硬件自动执行),请求中断处理。CPU 响应中断转入中断程序服务时,由硬件自动清除请求标志 TF1。

(5)RI 或 TI:串行中断请求。当接收或发送完一串行帧时,内部串行口中断请求标志位RI(SCON.0)或 TI(SCON.1)置位(由硬件自动执行),请求中断。CPU 响应串口中断后转入中断程序服务时,由于 RI 和 TI 作为一个中断源,所以需要在中断服务程序中安排一段对 RI 和 TI 中断标志位状态的判断程序,以区分发生的是何种中断,而且必须用软件清除 TI 和 RI。

三、中断标志与控制寄存器

任何一个中断的发生都伴随着提示,这就是中断标志。中断源申请中断时,要将相应的中断请求标志位置位,这是在提示 CPU 发生的中断情况。单片机 CPU 查询到这些有效标志位时便响应中断。单片机转向中断服务程序入口地址时,这次中断请求标志就会有的被片内硬件自动清除,有的则是由设计软件来清除。

而中断控制是单片机提供给用户控制中断的一些手段,主要包括定时器中断控制寄存器、串行口控制寄存器、中断允许控制寄存器和中断优先级控制寄存器。通过这些寄存器的不同设置位设定实现对中断系统的控制。

1. 中断标志

1) TCON 寄存器中的中断标志

TCON 为定时器 0 和定时器 1 的控制寄存器,同时也锁存定时器 0 和定时器 1 的溢出中断标志及外部中断和的中断标志等。与中断有关位如下:

(1) TCON.7 TF1:定时器 1 的溢出中断标志。T1 被启动计数后,从初值做加 1 计数,计满溢出后由硬件置位 TF1,同时向 CPU 发出中断请求,此标志一直保持到 CPU 响应中断后才由硬件自动清 0。也可由软件查询该标志,并由软件清 0。

(2) TCON.5 TF0:定时器 0 溢出中断标志。其操作功能与 TF1 相同。

(3) TCON.3 IE1:中断标志。IE1 = 1,外部中断 1 向 CPU 申请中断。

(4) TCON.2 IT1:中断触发方式控制位。当 IT1 = 0 时,外部中断 1 控制为电平触发方式。在这种方式下,CPU 在每个机器周期的 S5P2 期间对(P3.3)引脚采样,若为低电平,则认为有中断申请,随即使 IE1 标志置位;若为高电平,则认为无中断申请,或中断申请已撤销,随即使 IE1 标志复位。在电平触发方式中,CPU 响应中断后不能由硬件自动清除 IE1 标志,也不能由软件清除 IE1 标志,所以,在中断返回之前必须撤销引脚上的低电平,否则将再次中断导致出错。

(5) TCON.1 IE0:中断标志。其操作功能与 IE1 相同。

(6) TCON.0 IT0:中断触发方式控制位。其操作功能与 IT1 相同。

2) SCON 寄存器中的中断标志

SCON 是串行口控制寄存器,其低两位 TI 和 RI 锁存串行口的发送中断标志和接收中断标志。

(1) SCON.1 TI:串行发送中断标志。CPU 将数据写入发送缓冲器 SBUF 时,就启动发送,每发送完一个串行帧,硬件将使 TI 置位。但 CPU 响应中断时并不清除 TI,必须由软件清除。

(2) SCON.0 RI:串行接收中断标志。在串行口允许接收时,每接收完一个串行帧,硬件将使 RI 置位。同样,CPU 在响应中断时不会清除 RI,必须由软件清除。

8051 系统复位后,TCON 和 SCON 均清 0,应用时要注意各位的初始状态。

2. 中断的控制者—中断允许控制寄存器 IE

计算机中断系统有两种不同类型的中断:一类称为非屏蔽中断,另一类称为可屏蔽中断。对非屏蔽中断,用户不能用软件的方法加以禁止,一旦有中断申请,CPU 必须予以响应。对可屏蔽中断,用户可以通过软件方法来控制是否允许某中断源的中断,允许中断称为中断开放,不允许中断称为中断屏蔽。MCS—51 系列单片机的 5 个中断源都是可屏蔽中断,其中断系统内部设有一个专用寄存器 IE,用于控制 CPU 对各中断源的开放或屏蔽。

IE 寄存器各位定义如下:

EA	D7	D6	D5	D4	D3	D2	D1	D0
	EA	—	—	ES	ET1	EX1	ET0	EX0

(1)IE.7 EA:总中断允许控制位。EA = 1,开放所有中断,各中断源的允许和禁止可通过相应的中断允许位单独加以控制;EA = 0,禁止所有中断。

(2)IE.4 ES:串行口中断允许位。ES = 1,允许串行口中断;ES = 0,禁止串行口中断。

(3)IE.3 ET1:定时器 1 中断允许位。ET1 = 1,允许定时器 1 中断;ET1 = 0,禁止定时器 1 中断。

(4)IE.2 EX1:外部中断 1($\overline{\text{INT0}}$)中断允许位。EX1 = 1,允许外部中断 1 中断;EX1 = 0,禁止外部中断 1 中断。

(5)IE.1 ET0:定时器 0 中断允许位。ET0 = 1,允许定时器 0 中断;ET0 = 0,禁止定时器 0 中断。

(6)IE.0 EX0:外部中断 0($\overline{\text{INT0}}$)中断允许位。EX0 = 1,允许外部中断 0 中断;EX0 = 0,禁止外部中断 0 中断。

注意:8051 单片机系统复位后,IE 中各中断允许位均被清 0,即禁止所有中断。

在实训项目 1 的步骤 2)中开中断过程是:首先开总中断:SETB EA,然后,开 T1 中断:SETB ET1,这 2 条位操作指令也可合并为 1 条字节指令:

$$\text{MOV} \qquad \text{IE,\#88H}$$

中断允许寄存器 IE 的操作很简单,只要注意以下两点即可。

①IE.7 是 EA,是所有中断的"总开关",只有 EA = 1 时,中断才会根据 IE 中的其他位进行开放或禁止。如果 EA = 0,所有中断都不起作用(全被屏蔽)。

②如果 EA = 1,相应的中断由 IE 中相应的位来控制。控制位置 1 开放中断;清 0 则禁止中断。例如用指令"MOVIE,#83H"使得 IE 寄存器中的 EA = 1、ET0 = 1、EX0 = 1,于是使外部中断 0 和 T0 中断得到允许。

3. 中断的优先级控制者——IP 寄存器

在中断模式下,单片机能根据设置来优先响应和处理某一中断。8051 单片机有两个中断优先级,每个中断源都可以通过编程确定为高优先级中断或低优先级中断,因此,可实现二级嵌套。同一优先级别中的中断源可能不止一个,也有中断优先权排队的问题。

专用寄存器 IP 为中断优先级寄存器,锁存各中断源优先级控制位,IP 中的每一位均可由软件来置 1 或清 0,且 1 表示高优先级,0 表示低优先级。其格式如下:

(1)IP.4PS:串行口中断优先控制位。PS = 1,设定串行口为高优先级中断;PS = 0,设定串行口为低优先级中断。

(2)IP.3PT1:定时器 T1 中断优先控制位。PT1 = 1,设定定时器 T1 中断为高优先级中断;PT1 = 0,设定定时器 T1 中断为低优先级中断。

(3)IP.2PX1:外部中断 1 中断优先控制位。PX1 = 1,设定外部中断 1 为高优先级中断;PX1 = 0,设定外部中断 1 为低优先级中断。

(4)IP.1PT0:定时器 T0 中断优先控制位。PT0 = 1,设定定时器 T0 中断为高优先级中断;PT0 = 0,设定定时器 T0 中断为低优先级中断。

(5)IP.0PX0:外部中断 0 中断优先控制位。PX0 = 1,设定外部中断 0 为高优先级中断;PX0 = 0,设定外部中断 0 为低优先级中断。

当系统复位后,IP 低 5 位全部清 0,所有中断源均设定为低优先级中断。

如果程序中把两个或两个以上的中断源的优先级都置 1,那当这几个中断源同时向 CPU 申请中断时,CPU 将会作何反应呢? 这时 CPU 又会通过内部硬件查询逻辑,按自然优先级顺序确定先响应哪个中断请求。自然优先级是单片机硬件电路默认的优先级,排列如下表 3.2:

表 3.2　自然优先级排序

中断源	自然优先级
外部中断 0	最高
定时器 T0 中断	↓
外部中断 1	
定时器 T1 中断	最低
串行口中断	

实训 1 步骤 2)未用到中断优先级设定,因为其只有一个中断源,没有必要设置优先级。如果程序中没有中断优先级设置指令,则各中断源就按自然优先级进行排列。实际应用中常把 IP 寄存器和自然优先级相结合,使中断的使用更加方便、灵活。

四、中断处理过程

1. 中断系统的功能
1)实现中断嵌套

当 CPU 响应某一中断时,若有优先权高的中断源发出中断请求,则 CPU 能中断正在进行的中断服务程序并保留这个程序的断点(类似于子程序嵌套),响应高级中断,高级中断处理结束以后,再继续进行被中断的中断服务程序,这个过程称为中断嵌套,其示意图如图 3.8 所示。如果发出新的中断请求的中断源的优先权级别与正在处理的中断源同级或级别更低时,CPU 不会响应这个中断请求,直至正在处理的中断服务程序执行完以后才能去处理新的中断请求。

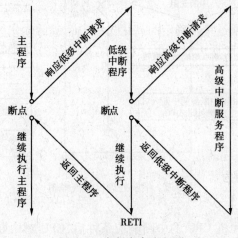

图 3.8　中断嵌套流程图

2）实现中断响应和中断返回

当 CPU 收到中断请求后，能根据具体情况决定是否响应中断，如果 CPU 没有更急、更重要的工作，则在执行完当前指令后响应这一中断请求。CPU 中断响应过程如下：将断点处的 PC 值（即下一条应执行指令的地址）推入堆栈保留下来，这称为保护断点，由硬件自动执行。然后，将有关的寄存器内容和标志位状态推入堆栈保留下来，这称为保护现场，由用户自己编程完成。

保护断点和现场后即可执行中断服务程序，执行完毕，CPU 由中断服务程序返回主程序，中断返回过程如下：首先恢复原保留寄存器的内容和标志位的状态，这称为恢复现场，由用户编程完成。然后，再加返回指令 RETI，RETI 指令的功能是恢复 PC 值，使 CPU 返回断点，这称为恢复断点。恢复现场和断点后，CPU 将继续执行原主程序，中断响应过程到此为止。

3）实现优先权排队

通常，系统中有多个中断源，当有多个中断源同时发出中断请求时，要求计算机能确定哪个中断更紧迫，以便首先响应。为此，计算机给每个中断源规定了优先级别，称为优先权。这样，当多个中断源同时发出中断请求时，优先权高的中断能先被响应，只有优先权高的中断处理结束后才能响应优先权低的中断。计算机按中断源优先权高低逐次响应的过程称为优先权排队，这个过程可通过硬件电路来实现，亦可通过软件查询来实现。

2. 中断处理过程

中断处理过程一般可分为中断响应、中断处理和中断返回三个阶段。这三个阶段构成了一个完整的中断处理过程，如图 3.9 所示。不同的计算机因其中断系统的硬件结构不同，因此，中断响应的方式也有所不同。这里，仅以 8051 单片机为例进行阐述。

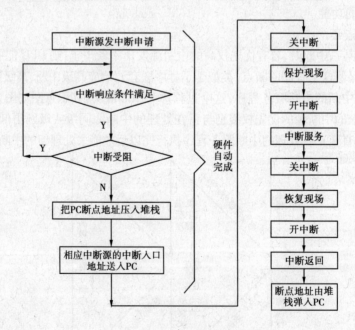

图 3.9　中断处理过程流程图

1）中断响应的条件

中断响应是在满足单片机 CPU 的中断响应条件后，CPU 对中断源中断请求做出的回答。

在响应阶段,CPU 要完成转向执行中断服务程序之前的所有准备工作,包括保护断点和将程序转向中断服务程序的入口地址(通常称矢量地址)。

单片机在运行时并不是任何时刻都可以去响应中断请求,而是有条件的,这也是为了保证正在执行的程序不会因为随机出现的中断响应而被破坏导致出错,使在中断返回之前能保护好现场以及在中断返回时能正确恢复现场。一般中断响应条件有如下几条:

(1)有中断源发出中断请求。

(2)中断总允许位 EA = 1。

(3)申请中断的中断源允许。

满足以上基本条件,CPU 一般会响应中断,但若有下列任何一种情况存在,则中断响应会受到阻断。

(1)CPU 正在响应同级或高优先级的中断。

(2)当前指令未执行完。

(3)正在执行 RETI 中断返回指令或访问专用寄存器 IE 和 IP 的指令。

若存在上述任何一种情况,中断查询结果即被取消,CPU 不响应中断请求而在下一机器周期继续查询,否则,CPU 在下一机器周期响应中断。

CPU 在每个机器周期的 S5P2 期间查询每个中断源,并设置相应的标志位,在下一机器周期 S6 期间按优先级顺序查询每个中断标志,如查询到某个中断标志为 1,将在再下一个机器周期 S1 期间按优先级进行中断处理。

2)中断响应过程

当任何一个中断满足响应条件时,单片机会按以下的步骤进行响应。

首先,立即停下正在执行的程序,并把下一条要执行的指令地址压入堆栈中。中断系统通过硬件自动生成长调用指令(LCALL),该指令将自动把断点地址压入堆栈保护(不保护累加器 A、状态寄存器 PSW 和其他寄存器的内容)。

其次,将对应的中断入口地址装入程序计数器 PC(由硬件自动执行),使程序转向该中断入口地址,执行中断服务程序。MCS—51 系列单片机各中断源的入口地址由硬件事先设定,我们也把中断入口地址叫做中断向量。向量即"取向"的意思,例如当外部中断 0 发生时,单片机会到程序存储器的 0003H 中寻找中断服务子程序来执行;而当 Timer0 中断发生时,则会到 000BH 中寻找中断服务子程序等。这个中断向量表是单片机设计时就生成的,用户是没有办法修改的。也就是说,只能根据这个表指示的中断向量地址来放置中断服务子程序。各中断向量分配如表 3.3 所示:

表 3.3　单片机的中断向量表

中断源	入口地址
外部中断 0($\overline{INT0}$)	0003H
定时器 T0 中断	000BH
外部中断 1($\overline{INT1}$)	0013H
定时器 T1 中断	001BH
串行口中断	0023H

根据以上这个过程并结合中断向量表,我们可以意识到一个潜在的问题:每一个中断服务子程序的存放空间都非常有限,例如,外部中断 0 的中断向量为 0003H,而 Timer0 中断向量地址为 000BH,可见外部中断 0 的中断服务子程序只有 0003H ~ 000BH 这 8 个字节的空间来存放,这 8 个字节的空间实在也放不了几条指令。所以在使用时,通常需要在这些中断入口地址处存放一条绝对跳转指令,使程序跳转到用户安排的中断服务程序的起始地址上去。

实训项目 1 的步骤 2)中采用定时器 T1 中断,其中断入口地址为 001BH,中断服务程序名为 CONT,因此,指令形式为:

```
ORG      001BH;         T1 中断入口
AJMP     CONT;          转向中断服务程序
```

3)中断处理

中断处理就是执行中断服务程序。中断服务程序从中断入口地址开始执行,到返回指令"RETI"为止,一般包括两部分内容,一是保护现场,二是完成中断源请求的服务。

为什么要保护现场呢? 原来是这样的。通常,主程序和中断服务程序都会用到累加器 A、状态寄存器 PSW 及其他一些寄存器,当 CPU 进入中断服务程序用到上述寄存器时,会破坏原来存储在寄存器中的内容,一旦中断返回,将会导致主程序的混乱。因此,在进入中断服务程序后,一般要先保护现场,然后,执行中断处理程序,在中断返回之前再恢复现场。

综上所述,编写中断服务程序时需注意以下几点:

(1)各中断源的中断入口地址之间只相隔 8 个字节,容纳不下普通的中断服务程序,因此,在中断入口地址单元通常存放一条无条件转移指令,可将中断服务程序转至存储器的其他任何空间。

(2)若要在执行当前中断程序时禁止其他更高优先级中断,需先用软件关闭 CPU 中断,或用软件禁止相应高优先级的中断,在中断返回前再开放中断。

(3)在保护和恢复现场时,为了不使现场数据遭到破坏或造成混乱,一般规定此时 CPU 不再响应新的中断请求。因此,在编写中断服务程序时,要注意在保护现场前关中断,在保护现场后若允许高优先级中断,则应开中断。同样,在恢复现场前也应先关中断,恢复之后再开中断。

在实训 1 步骤 2)中的中断服务程序不与主程序共用累加器和任何寄存器,所以,无须保护现场,在程序中也就没有保护和恢复现场的指令。

3. 中断返回

中断返回是指中断服务完成后,计算机返回原来断开的位置(即断点),继续执行原来的程序。中断返回由中断返回指令 RETI 来实现。该指令的功能是把断点地址从堆栈中弹出,送回到程序计数器 PC。此外,还通知中断系统已完成中断处理,并同时清除优先级状态触发器。特别要注意不能用"RET"指令代替"RETI"指令。

4. 中断请求的撤除

CPU 响应中断请求后即进入中断服务程序,在中断返回前,应撤除该中断请求,否则,会重复引起中断而导致错误。MCS—51 单片机的各个中断源中断请求撤销的方法各不相同,分别为:

1)定时器中断请求的撤除

对于定时器 0 或 1 溢出中断,CPU 在响应中断后即由硬件自动清除其中断标志位 TF0 或 TF1,无须采取其他措施。

2) 串行口中断请求的撤除

对于串行口中断,CPU 在响应中断后,硬件不能自动清除中断请求标志位 TI、RI,必须在中断服务程序中用软件将其清除。

3) 外部中断请求的撤除

外部中断可分为边沿触发型和电平触发型。

对于边沿触发的外部中断 0 或 1,CPU 在响应中断后由硬件自动清除其中断标志位 IE0 或 IE1,无须采取其他措施。

对于电平触发的外部中断,其中断请求撤除方法较复杂。因为对于电平触发外中断,CPU 在响应中断后,硬件不会自动清除其中断请求标志位 IE0 或 IE1,同时,也不能用软件将其清除,所以,在 CPU 响应中断后,应立即撤除引脚上的低电平。否则,就会引起重复中断而导致错误。而 CPU 又不能控制引脚的信号,因此,只有通过硬件再配合相应软件才能解决这个问题。图 3.10 是可行方案之一。

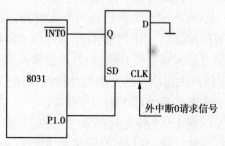

图 3.10　撤除外部中断请求的电路

由图可知,外部中断请求信号不直接加在 P3.2 或 P3.3 引脚上,而是加在 D 触发器的 CLK 端。由于 D 端接地,当外部中断请求的正脉冲信号出现在 CLK 端时,Q 端输出为 0,P3.2 或 P3.3 为低电平,外部中断向单片机发出中断请求。利用 P1 口的 P1.0 作为应答线,当 CPU 响应中断后,可在中断服务程序中采用两条指令:

　　　　ANL　P1,#0FEH
　　　　ORL　P1,#01H

来撤除外部中断请求。第一条指令使 P1.0 为 0,因 P1.0 与 D 触发器的异步置 1 端 SD 相连,Q 端输出为 1,从而撤除中断请求。第二条指令使 P1.0 变为 1,Q 继续受 CLK 控制,即新的外部中断请求信号又能向单片机申请中断。第二条指令是必不可少的,否则,将无法再次形成新的外部中断。

实训项目 1 的步骤 2)采用定时器 T1 中断,其中断请求的撤除由硬件自动完成,无须采取其他措施。

5. 中断响应时间

中断响应时间是指从中断请求标志位置位到 CPU 开始执行中断服务程序的第一条指令所持续的时间。CPU 并非每时每刻对中断请求都予以响应,另外,不同的中断请求其响应时间也是不同的,因此,中断响应时间形成的过程较为复杂。以外部中断为例,CPU 在每个机器周期的 S5P2 期间采样其输入引脚 P3.2 或 P3.3 端的电平,如果中断请求有效,则将中断请求标志位 IE0 或 IE1 置位,然后在下一个机器周期再对这些值进行查询,这就意味着中断请求信号的低电平至少应维持一个机器周期。

这时,如果满足中断响应条件,则 CPU 响应中断请求,在下一个机器周期执行一条硬件长调用指令"LCALL",使程序转入中断矢量入口。该调用指令执行时间是两个机器周期,因此,外部中断响应时间至少需要 3 个机器周期,这是最短的中断响应时间。

如果中断请求不能满足前面所述的三个条件而被阻断,则中断响应时间将延长。例如一个同级或更高级的中断正在进行,则附加的等待时间取决于正在进行的中断服务程序的长度。

如果正在执行的一条指令还没有进行到最后一个机器周期,则附加的等待时间为 1～3 个机器周期(因为一条指令的最长执行时间为 4 个机器周期)。

五、外部中断源的扩展

8051 单片机仅有两个外部中断请求输入端口,在实际应用中,若外部中断源超过两个,则需扩充外部中断源,这里介绍两种简单可行的方法。

1. 用定时器作外部中断源

MCS—51 单片机有两个定时器,具有两个内中断标志和外计数引脚,如在某些应用中不被使用,则它们的中断可作为外部中断请求使用。此时,可将定时器设置成计数方式,计数初值可设为满量程,则它们的计数输入端 T0(P3.4)或 T1(P3.5)引脚上发生负跳变时,计数器加 1 便产生溢出中断。利用此特性,可把 T0 脚或 T1 脚作为外部中断请求输入线,而计数器的溢出中断作为外部中断请求标志。

例 3.9 将定时器 T0 扩展为外部中断源。

解 将定时器 T0 设定为方式 2(自动恢复计数初值),TH0 和 TF0 的初值均设置为 FFH,允许 T0 中断,CPU 开放中断,源程序如下:

```
MOV   TMOD,#06H              MOV   TH0,  #0FFH
MOV   TL0,#0FFH
SETB  TR0
SETB  ET0
SETB  EA
…
```

当连接在 T0(P3.4)引脚的外部中断请求输入线发生负跳变时,TL0 加 1 溢出,TF0 置 1,向 CPU 发出中断申请,同时,TH0 的内容自动送至 TL0 使 TL0 恢复初值。这样,T0 引脚每输入一个负跳变,TF0 都会置 1,向 CPU 请求中断,此时,T0 脚相当于边沿触发的外部中断源输入线。

同样,也可将定时器 T1 扩展为外部中断源。

2. 中断和查询相结合

利用两根外部中断输入线(和脚),每一中断输入线可以通过线或的关系连接多个外部中断源,同时,利用并行输入端口线作为多个中断源的识别线,其电路原理图如图 3.11 所示。

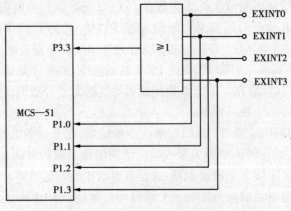

图 3.11 一个外中断扩展成多个外中断的原理图

由图可知,4 个外部扩展中断源通过 4 个 OC 门电路组成线或后再与(P3.2)相连,4 个外部扩展中断源 EXINT0 ~ EXINT3 中有一个或几个出现高电平则输出为 0,使引脚为低电平,从而发出中断请求,因此,这些扩充的外部中断源都是电平触发方式(高电平有效)。CPU 执行中断服务程序时,先依次查询 P1 口的中断源输入状态,然后,转入到相应的中断服务程序,4 个扩展中断源的优先级顺序由软件查询顺序决定,即最先查询的优先级最高,最后查询的优先级最低。中断服务程序如下:

```
        ORG     0003H              ;外部中断 0 入口
        AJMP    INT0               ;转向中断服务程序入口
        …
    INT0:  PUSH   PSW              ;保护现场
     PUSH   ACC
     JNB    P1.0,EXT0              ;中断源查询并转相应中断服务程序
     JNB    P1.1,EXT1
     JNB    P1.2,EXT2
     JNB    P1.3,EXT3
EXIT:   POP   ACC                  ;恢复现场
        POP   PSW
        RETI
        …
        EXT0:        …             ;EXINT0 中断服务程序
        AJMP   EXIT
        EXT2:        …             ;EXINT2 中断服务程序
AJMP   EXIT
        EXT3:              …       ;EXINT3 中断服务程序
        AJMP   EXIT
```

同样,外部中断 1(INT1)也可做相应的扩展。

六、中断系统的应用

设计中断程序要比较细心,要做好几个准备工作,否则调试就很难成功。中断服务程序是具有特定功能的独立程序。中断的管理与控制程序一般不独立编写,而是在主程序中编写。因此在编写中断程序之前要先在主程序的起始地址(0000H)放一条无条件转移指令。同时主程序要进行初始化,即对将要用到的单片机内部的部件或扩展芯片进行初始状态设定。中断控制实质上是对 4 个与中断有关的特殊功能寄存器 TCON、SCON、IE 和 IP 进行管理和控制,只要对这些寄存器相应位的状态进行设置,CPU 就会按照用户的意志对中断源进行管理和控制。具体实施步骤如下:

(1)CPU 的开、关中断。

(2)具体中断源中断请求的允许和禁止(屏蔽)。

(3)各中断源优先级别的控制。

(4)外部中断请求触发方式的设定。

上面我们提到过,中断管理和控制程序一般都包含在主程序中,根据需要通过几条指令来完成。中断服务程序是一种具有特定功能的独立程序段,可根据中断源的具体要求进行服务。下面通过实例来说明其具体应用。

1. 外部中断的应用实例

例 3.10 用 8051(也可用 AT89S51)单片机设计一交通信号灯模拟控制系统,晶振采用 12 MHz。具体要求如下:

(1)正常情况下 A、B 道(A、B 道交叉组成十字路口,A 是主道,B 是支道)轮流放行,A 道放行 1 分钟(其中 5 秒用于警告),B 道放行 30 秒(其中 5 秒用于警告)。

(2)一道有车而另一道无车(用按键开关 K1、K2 模拟)时,使有车车道放行。

(3)有紧急车辆通过(用按键开关 K0 模拟)时,A、B 道均为红灯。

解 根据题意,整体设计思路如下:

(1)正常情况下运行主程序,采用 0.5 秒延时子程序的反复调用来实现各种定时时间;

(2)一道有车而另一道无车时,采用外部中断 1 方式进入与其相应的中断服务程序,并设置该中断为低优先级中断;

(3)有紧急车辆通过时,采用外部中断 0 方式进入与其相应的中断服务程序,并设置该中断为高优先级中断,实现中断嵌套。

硬件设计过程如下:

用 12 只发光二极管模拟交通信号灯,以单片机的 P1 控制这 12 只发光二极管,在 P1 口与发光二极管之间采用 74LS07 作驱动电路,口线输出高电平,则"信号灯"熄,口线输出低电平则"信号灯"亮。各口线控制功能及相应控制码(P1 端口数据)如表 3.4 所示。

表 3.4　各口线控制交通灯的控制功能及相应控制码

P1.7	P1.6	P1.5	P1.4	P1.3	P1.2	P1.1	P1.0	控制码	状态说明
空	空	B 线绿灯	B 线黄灯	B 线红灯	A 线绿灯	A 线黄灯	A 线红灯		A 线放行,B 线禁止
1	1	1	1	0	0	1	1	F3H	A 线警告,B 线禁止
1	1	1	1	0	1	0	1	F5H	A 线禁止,B 线放行
1	1	0	1	1	1	1	0	DEH	A 线禁止,B 线警告
1	1	1	0	1	1	1	0	EEH	

分别以按键 K1、K2 模拟 A、B 道的车辆检测信号,当 K1、K2 为高电平(不按按键)时,表示有车;K1、K2 为低电平(按下按键)时,表示无车。K1、K2 相同时属正常情况;K1、K2 不相同时属一道有车另一道无车的情况;因此产生外部中断 1 中断的条件应是:$\overline{K_1 \oplus K_2} = 0$ 可用 74LS266(如无 74LS266,可用 74LS86 与 74LS04 组合)来实现。另外,还需将 K1、K2 信号接入单片机,以便单片机查询有车车道,可将其分别接至单片机的 P3.0 和 P3.1 口。

以按键 K0 模拟紧急车辆通过开关,当 K0 为高电平时属正常情况,当 K0 为低电平时,属紧急车辆通过的情况,直接将 K0 信号接至引脚即可实现外部中断 0 中断。

综上所述,可设计出硬件电路如图 3.12。

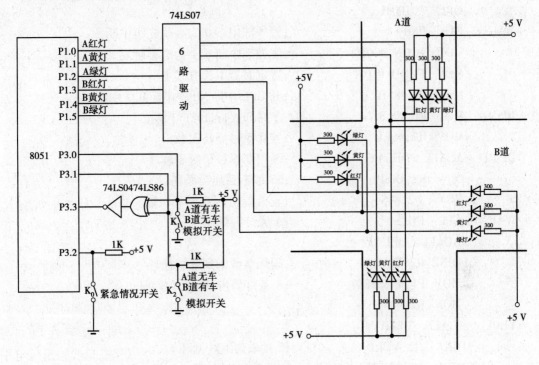

图 3.12　交通灯模拟控制系统电路图

软件设计过程如下:

主程序采用查询方式定时,由 R2 寄存器确定调用 0.5 秒延时子程序的次数,从而获取交通灯的各种时间。子程序采用定时器 1 方式 1 查询式定时,定时器定时 50 ms,R3 寄存器确定 50 ms 循环 10 次,从而获取 0.5 秒的延时时间。

一道有车另一道无车的中断服务程序首先要保护现场,因此需用到延时子程序和 P1 口,故需保护的寄存器有 R3、P1、TH1 和 TL1,保护现场时还需关中断,以防止高优先级中断(紧急车辆通过所产生的中断)出现导致程序混乱。

然后,开中断,由软件查询 P3.0 和 P3.1 口,判别哪一道有车,再根据查询情况执行相应的服务。待交通灯信号出现后,保持 5 秒的延时(延时不能太长,读者可自行调整),然后,关中断,恢复现场,再开中断,返回主程序。

紧急车辆出现时的中断服务程序也需保护现场,但无需关中断(因其为高优先级中断),然后执行相应的服务,待交通灯信号出现后延时 20 秒,确保紧急车辆通过交叉路口,然后,恢复现场,返回主程序。

源程序设计如下:

```
ORG    0000H
AJMP   MAIN              ;指向主程序
ORG    0003H
AJMP   INT0              ;指向紧急车辆出现中断程序
```

```
            ORG    0013H
            AJMP   INT1            ;指向一道有车另一道无车中断程序
            ORG    0100H
MAIN：ETB PX0                      ;置外部中断 0 为高优先级中断
            MOV TCON,#00H          ;置外部中断 0、1 为电平触发
            MOV TMOD,#10H          ;置定时器 1 为方式 1
            MOV IE,#85H            ;开 CPU 中断,开外中断 0、1 中断
DISP：  MOV P1,#0F3H              ;A 绿灯放行,B 红灯禁止
            MOV R2,#6EH            ;置 0.5 秒循环次数
DISP1：ACALL  DELAY              ;调用 0.5 秒延时子程序
            DJNZ R2,DISP1         ;55 秒不到继续循环
            MOV  R2,#06           ;置 A 绿灯闪烁循环次数
WARN1：CPL  P1.2                 ;A 绿灯闪烁
            ACALL  DELAY
            DJNZ R2,WARN1         ;闪烁次数未到继续循环
            MOV P1,#0F5H          ;A 黄灯警告,B 红灯禁止
            MOV R2,#04H
YEL1：  ACALL  DELAY
            DJNZ  R2,YEL1         ;2 秒未到继续循环
            MOV  P1,#0DEH         ;A 红灯,B 绿灯
            MOV  R2,#32H
DISP2：ACALL  DELAY
            DJNZ  R2,DISP2        ;25 秒未到继续循环
            MOV  R2,#06H
WARN2：CPL  P1.5                 ;B 绿灯闪烁
            ACALL  DELAY
            DJNZ  R2,WARN2
            MOV  P1,#0EEH         ;A 红灯,B 黄灯
            MOV  R2,#04H
YEL2：  ACALL  DELAY
            DJNZ  R2,YEL2
AJMP        DISP                  ;循环执行主程序
INT0：  PUSH  P1                 ;P1 口数据压栈保护
            PUSH  03H             ;R3 寄存器压栈保护
            PUSH  TH1             ;TH1 压栈保护
            PUSH  TL1             ;TL1 压栈保护
            MOV  P1,#0F6H         ;A、B 道均为红灯
            MOV  R5,#28H          ;置 0.5 秒循环初值
DELAY0：ACALL  DELAY
```

```
            DJNZ   R5,DELAY0         ;20 秒未到继续循环
            POP    TL1               ;弹栈恢复现场
            POP    TH1
            POP    03H
            POP    P1
            RETI                     ;返回主程序
INT1：      CLR    EA                ;关中断
            PUSH   P1                ;压栈保护现场
            PUSH   03H
            PUSH   TH1
            PUSH   TL1
            SETB   EA                ;开中断
            JNB    P3.0,BP           ;A 道无车转向
            MOV    P1,#0F3H          ;A 绿灯,B 红灯
            SJMP   DELAY1            ;转向 5 秒延时
BP：        JNB    P3.1,EXIT         ;B 道无车退出中断
            MOV    P1,#0DEH          ;A 红灯,B 绿灯
DELAY1：    MOV    R6,#0AH           ;置 0.5 秒循环初值
NEXT：      ACALL  DELAY
            DJNZ   R6,NEXT           ;5 秒未到继续循环
EXIT：      CLR    EA
            POP    TL1               ;弹栈恢复现场
            POP    TH1
            POP    03H
            POP    P1
            SETB   EA
            RETI
DELAY：     MOV    R3,#0AH
            MOV    TH1,#3CH
            MOV    TL1,#0B0H
            SETB   TR1
LP1：       JBC    TF1,LP2
            SJMP   LP1
LP2：       MOV    TH1,#3CH
            MOV    TL1,#0B0H
            DJNZ   R3,LP1
            RET
            END
```

交通信号灯模拟控制系统主程序及中断服务程序的流程图如图 3.13 所示。

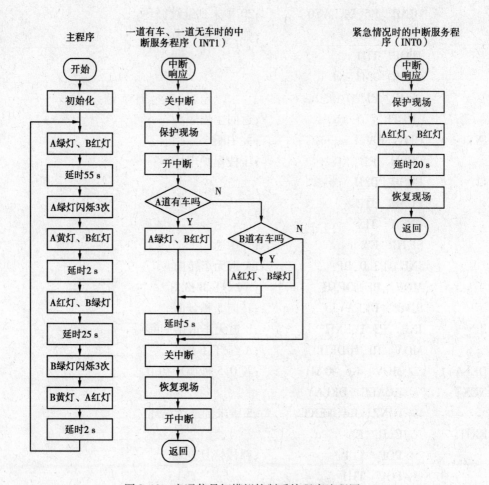

图 3.13 交通信号灯模拟控制系统程序流程图

2. 定时器中断的应用实例

例 3.11 设 $f_{osc} = 6$ MHz, 利用单片机内定时/计数器及 P1.0 口线输出 1 000 个脉冲, 脉冲周期为 2 ms, 试编程。

$$T = 12 \times 1/f_{osc} = 2 \ us$$

选取 T0 定时; T1 计数。

设 T0 采用中断方式产生周期为 2 ms 方波, T1 对该方波计数, 当输出至第 1 000 个脉冲时, 使 TF1 置 1。在主程序中用查询方法, 检测到 TF1 变 1 时, 关掉 T0, 停止输出方波。

T0、T1 参数的确定:

T0 模式 0、定时: 脉宽为脉冲周期的一半。

所以, $X = 2^{13} - 1$ ms/2 us $= 000111100000 \ 1100B$

$$TH0 = 0F0H; \qquad TL0 = 0CH$$

T1 模式 1、计数: N = 1 000

则 $X = 65\ 536 - 1\ 000 = 64\ 536 = 0FC18H$ (若选模式 0 也可以, 此时 $X = 7192 = 1C18H$)

程序:

```
ORG   0000H
```

```
        LJMP  MAIN
        ORG   000BH
        LJMP  TOS
        ORG   1000H
        MOV   TMOD,#50H              ;T0 定时,模式 0;T1 计数,模式 1
        MOV   TL0,#0CH
        MOV   TH0,#0F0H
        MOV   TL1,#18H
        MOV   TH1,#0FCH
        SETB  TR1
        SETB  TR0
        SETB  ET0
        SETB  EA
WAIT:   JNB   TF1,WAIT              ;查询 1000 个脉冲计够没有?
        CLR   EA
        CLR   ET0
        ANL   TCON,#0FH             ;停 T0、T1
        SJMP  $
TOS:    MOV   TL0,#0CH
        MOV   TH0,#0F0H
        CPL   P1.0
        RETI
        END
```

通过上述的理论学习,读者利用实训线路板完成本情境最后面的实训任务,你将会对所学知识有一个更清楚的认识。

任务巩固

1. 什么是中断? 其主要功能是什么?

2. 什么是中断优先级? 中断优先处理的原则是什么?

3. 80C51 单片机有几个中断源,各自的中断服务程序入口在什么地方? 各入口地址代表什么? 为什么要考虑在中断入口地址以外的地址上放置中断服务子程序?

4. 一个中断要成功地发生和处理,需要哪些条件?

5. 编写初始化程序,用定时器/计数器 0 产生 20 ms 中断。

6. 按串行口,外部中断 0、定时器 1 的顺序设定中断优先级,写出 IE、IP 命令字。

7. 单片机复位时,默认的中断优先级是什么?

8. Timer 用作定时的时候,用中断方式有什么好处?

任务三 MCS—51 单片机的串行口

知识点及目标:串行口是单片机内与外界沟通的一个重要端口,通过这个端口,可以分别实现串行通信的数据接收和发送。我们要在下段任务中,学习其结构以及串行口的控制方法。

能力点及目标:了解串行口的结构及工作方式,学习掌握串行口的控制方法。

 任务描述

了解单片机串行口的结构,清楚认识单片机的串行发送与接收过程,学习其控制方法。

 任务分析

本学习重点是要理解,而不是简单的记忆,要求学生对前面的指令和程序编写方法要熟练。

 相关知识

一、通信的基本知识

在计算机系统中,CPU 和外部通信有两种通信方式:并行通信和串行通信。并行通信,即数据的各位同时传送;串行通信,即数据一位一位顺序传送。图 3.14 为这两种通信方式的示意图。

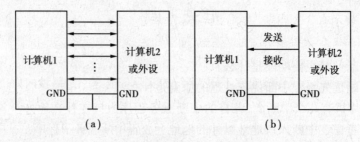

图 3.14 两种通信方式的示意图
(a)并行通信;(b)串行通信

1. 串行通信的分类

按照串行数据的时钟控制方式,串行通信可分为同步通信和异步通信两类。

1)异步通信(Asynchronous Communication)

在异步通信中,数据通常是以字符为单位组成字符帧传送的。字符帧由发送端一帧一帧地发送,每一帧数据均是低位在前,高位在后,通过传输线被接收端一帧一帧地接收。发送端和接收端可以由各自独立的时钟来控制数据的发送和接收,这两个时钟彼此独立,互不同步。

在异步通信中,接收端是依靠字符帧格式来判断发送端是何时开始发送,何时结束发送的。字符帧格式是异步通信的一个重要指标。

字符帧也叫数据帧,由起始位、数据位、奇偶校验位和停止位等4部分组成,如图3.15所示。

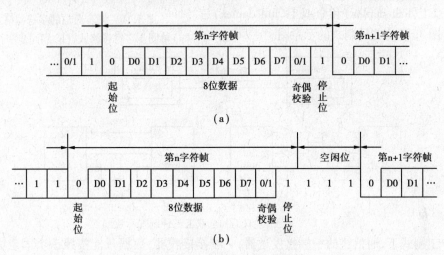

图3.15 异步通信的字符帧格式

(a)无空闲位字符帧;(b)有空闲位字符帧

(1)起始位:位于字符帧开头,只占一位,为逻辑0低电平,用于向接收设备表示发送端开始发送一帧信息。

(2)数据位:紧跟起始位之后,用户根据情况可取5位、6位、7位或8位,低位在前高位在后。

(3)奇偶校验位:位于数据位之后,仅占一位,用来表征串行通信中采用奇校验还是偶校验,由用户决定。

(4)停止位:位于字符帧最后,为逻辑1高电平。通常可取1位、1.5位或2位,用于向接收端表示一帧字符信息已经发送完,也为发送下一帧作准备。

在串行通信中,两相邻字符帧之间可以没有空闲位,也可以有若干空闲位,这由用户来决定。图3.15(b)表示有3个空闲位的字符帧格式。

异步通信的另一个重要指标为波特率。波特率为每秒钟传送二进制数码的位数,也叫比特数,单位为b/s,即位/秒。波特率用于表征数据传输的速度,波特率越高,数据传输速度越快。但波特率和字符的实际传输速率不同,字符的实际传输速率是每秒内所传字符帧的帧数,和字符帧格式有关。

通常,异步通信的波特率为50~9 600 b/s。异步通信的优点是不需要传送同步时钟,字符帧长度不受限制,故设备简单。缺点是字符帧中因包含起始位和停止位而降低了有效数据的传输速率。

2)同步通信(Synchronous Communication)

同步通信是一种连续串行传送数据的通信方式,一次通信只传输一帧信息。这里的信息帧和异步通信的字符帧不同,通常有若干个数据字符,如图3.16所示。图3.16(a)为单同步字符帧结构,图3.16(b)为双同步字符帧结构,但它们均由同步字符、数据字符和校验字符

CRC 三部分组成。在同步通信中,同步字符可以采用统一的标准格式,也可以由用户约定。

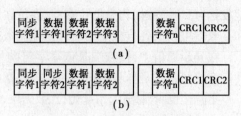

图 3.16　同步通信的字符帧格式
(a)单同步字符帧格式;(b)双同步字符帧格式

2.串行通信的制式

在串行通信中数据是在两个站之间进行传送的,按照数据传送方向,串行通信可分为单工(simplex)、半双工(half duplex)和全双工(full duplex)三种制式。图 3.17 为三种制式的示意图。

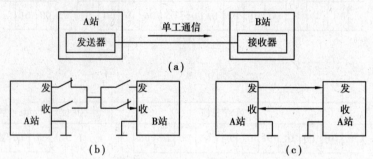

图 3.17　单工、半双工和全双工三种制式示意图

在单工制式下,通信线的一端接发送器,一端接接收器,数据只能按照一个固定的方向传送,如图 3.17(a)所示。

在半双工制式下,系统的每个通信设备都由一个发送器和一个接收器组成,如图 3.17(b)所示。在这种制式下,数据能从 A 站传送到 B 站,也可以从 B 站传送到 A 站,但是不能同时在两个方向上传送,即只能一端发送,一端接收。其收/发开关一般是由软件控制的电子开关。

全双工通信系统的每端都有发送器和接收器,可以同时发送和接收,即数据可以在两个方向上同时传送,如图 3.17(c)所示。

在实际应用中,尽管多数串行通信接口电路具有全双工功能,但一般情况下,只工作于半双工制式下,这种用法简单、实用。

二、MCS—51 单片机的串行接口

1.MCS—51 串行口结构

MCS—51 内部有两个独立的接收、发送缓冲器 SBUF。SBUF 属于特殊功能寄存器。发送缓冲器只能写入不能读出,接收缓冲器只能读出不能写入,二者共用一个字节地址(99H)。串行口的结构如图 3.18 所示。

与 MCS—51 串行口有关的特殊功能寄存器有 SBUF、SCON、PCON,下面对它们分别做详细讨论。

1)串行口数据缓冲器 SBUF

SBUF 是两个在物理上独立的接收、发送寄存器,一个用于存放接收到的数据,另一个用于存放欲发送的数据,可同时发送和接收数据。两个缓冲器共用一个地址 99H,通过对 SBUF 的读、写指令来区别是对接收缓冲器还是发送缓冲器进行操作。CPU 在写 SBUF 时,就是修改发送缓冲器;读 SBUF,就是读接收缓冲器的内容。接收或发送数据,是通过串行口对外的两条独立收发信号线 RXD(P3.0)、TXD(P3.1)来实现的,因此可以同时发送、接收数据,其工作方

式为全双工制式。

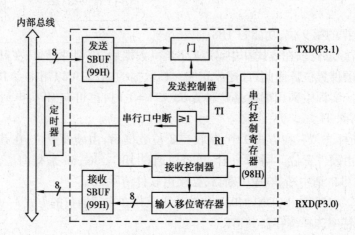

图 3.18 串行口结构示意图

2)串行口控制寄存器 SCON

实训中,收发双方都有对 SCON 的编程,SCON 用来控制串行口的工作方式和状态,可以位寻址,字节地址为 98H。单片机复位时,所有位全为 0。SCON 的格式如下所示。

SCON 寄存器各位定义如下:

SCON	D7	D6	D5	D4	D3	D2	D1	D0
	SM0	SM1	SM2	REN	TB8	RB8	TI	RI

对各位的说明如下:

SM0、SM1:串行方式选择位,其定义如表 3.5 所示。

表 3.5 串行口的几种工作方式

SM0 SM1	工作方式	功能	波特率
00	方式 0	8 位同步移位寄存器	fosc/12
01	方式 1	10 位 UART	可变
10	方式 2	11 位 UART	fosc/64 或 fosc/32
11	方式 3	11 位 UART	可变

SM2:多机通信控制位,用于方式 2 和方式 3 中。在方式 2 和方式 3 处于接收方式时,若 SM2 = 1,且接收到的第 9 位数据 RB8 为 0 时,不激活 RI;若 SM2 = 1,且 RB8 = 1 时,则置 RI = 1。当方式 2、3 处于接收或发送方式时,若 SM2 = 0,不论接收到的第 9 位 RB8 为 0 还是为 1,TI、RI 都以正常方式被激活。在方式 1 处于接收时,若 SM2 = 1,则只有收到有效的停止位后,RI 置 1。在方式 0 中,SM2 应为 0。

REN:允许串行接收位。它由软件置位或清零。REN = 1 时,允许接收;REN = 0 时,禁止接收。因此使用位操作指令 SETB REN,使其允许接收。

TB8:发送数据的第 9 位。在方式 2 和方式 3 中,由软件置位或复位,可作奇偶校验位。在

117

多机通信中,可作为区别地址帧或数据帧的标识位,一般约定地址帧时,TB8 为 1;数据帧时,TB8 为 0。

RB8:接收数据的第 9 位,功能同 TB8。

TI:发送中断标志位。在方式 0 中,发送完 8 位数据后,由硬件置位;在其他方式中,在发送停止位之初由硬件置位。因此,TI 是发送完一帧数据的标志,可以用指令 JBC TI,rel 来查询是否发送结束。实训中采用的就是这种方法。TI = 1 时,也可向 CPU 申请中断,响应中断后,必须由软件清除 TI。

RI:接收中断标志位。在方式 0 中,接收完 8 位数据后,由硬件置位;在其他方式中,在接收停止位的中间由硬件置位。同 TI 一样,也可以通过 JBC RI,rel 来查询是否接收完一帧数据。RI = 1 时,也可申请中断,响应中断后,必须由软件清除 RI。

例如,采用指令 MOV SCON,#40H,使单片机工作在串行通信的方式 1 下。

3)电源及波特率选择寄存器 PCON

PCON 主要是为 CHMOS 型单片机的电源控制而设置的专用寄存器,不可以位寻址,字节地址为 87H。在 HMOS 的 8051 单片机中,PCON 除了最高位以外,其他位都是虚设的,其格式如下所示。

PCON	D7	D6	D5	D4	D3	D2	D1	D0
	SMOD	—	—	—	GF1	GF0	PD	LD

2. MCS—51 串行的工作方式

MCS—51 的串行口有 4 种工作方式,通过 SCON 中的 SM1、SM0 位来决定,如表 3.5 所示。

1)方式 0

在方式 0 下,串行口作同步移位寄存器用,其波特率固定为 fosc/12。串行数据从 RXD(P3.0)端输入或输出,同步移位脉冲由 TXD(P3.1)送出。这种方式常用于扩展 I/O 口。

a. 发送

当一个数据写入串行口发送缓冲器 SBUF 时,串行口将 8 位数据以 fosc/12 的波特率从 RXD 引脚输出(低位在前),发送完置中断标志 TI 为 1,请求中断。在再次发送数据之前,必须由软件清 TI 为 0。具体接线图如图 3.19 所示。其中,74LS164 为串入并出移位寄存器。

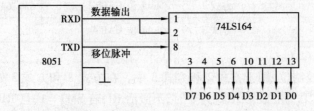

图 3.19　方式 0 用于扩展 I/O 口输出

b. 接收

在满足 REN = 1 和 RI = 0 的条件下,串行口即开始从 RXD 端以 fosc/12 的波特率输入数据(低位在前),当接收完 8 位数据后,置中断标志 RI 为 1,请求中断。在再次接收数据之前,必须由软件清 RI 为 0。具体接线图如图 3.20 所示。其中,74LS165 为并入串出移位寄存器。

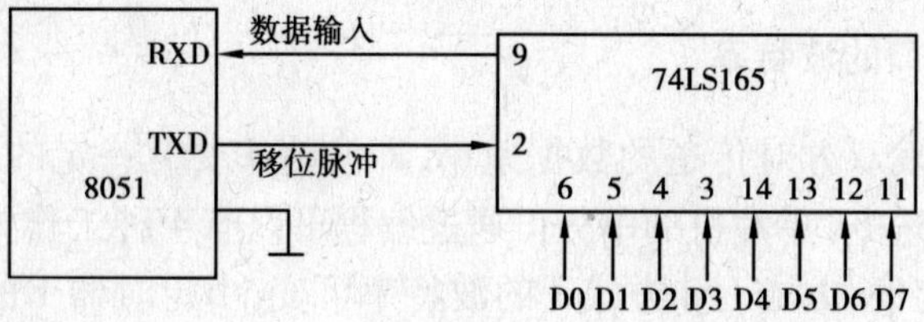

图 3.20　方式 0 用于扩展 I/O 口输入

串行控制寄存器 SCON 中的 TB8 和 RB8 在方式 0 中未用。值得注意的是,每当发送或接收完 8 位数据后,硬件会自动置 TI 或 RI 为 1,CPU 响应 TI 或 RI 中断后,必须由用户用软件清 0。在方式 0 时,SM2 必须为 0。

2)方式 1

在双机通信中,收发双方都是工作在方式 1 下,此时,串行口为波特率可调的 10 位通用异步接口 UART。发送或接收一帧信息,包括 1 位起始位 0,8 位数据位和 1 位停止位 1。其帧格式如图 3.21 所示。

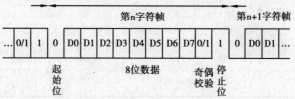

图 3.21　10 位的帧格式

a. 发送

发送时,数据从 TXD 端输出,当数据写入发送缓冲器 SBUF 后,启动发送器发送。当发送完一帧数据后,置中断标志 TI 为 1。方式 1 所传送的波特率取决于定时器 1 的溢出率和 PCON 中的 SMOD 位。

b. 接收

接收时,由 REN 置 1,允许接收,串行口采样 RXD,当采样由 1 到 0 跳变时,确认是起始位"0",开始接收一帧数据。当 RI =0,且停止位为 1 或 SM2 =0 时,停止位进入 RB8 位,同时置中断标志 RI;否则信息将丢失。所以,方式 1 接收时,应先用软件清除 RI 或 SM2 标志。

3)方式 2 和方式 3

方式 2 和方式 3 的功能几乎完全一样,只是方式 3 的波特率可变,与方式 1 具有共同的计算公式,而方式 2 的波特率为晶振频率的 1/32 或 1/64,这取决于 PCON 中的 SMOD 的设置。在这种方式下,URAT 为一个 9 位异步通信口,每一帧共发送或接收 11 位数据。一帧数据包括 1 位起始位 0,8 位数据位,1 位可编程位(用于奇偶校验)和 1 位停止位 1。其帧格式如图 3.22 所示。

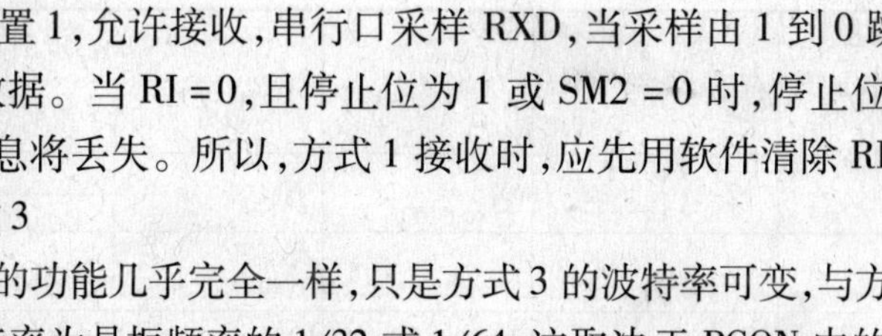

图 3.22　–11 位的帧格式

三、MCS—51 串行口的波特率

在串行通信中,收发双方对传送的数据速率,即波特率要有一定的约定。通过上面的论述,我们已经知道,MCS—51 单片机的串行口通过编程可以有 4 种工作方式。其中,方式 0 和方式 2 的波特率是固定的,方式 1 和方式 3 的波特率可变,由定时器 1 的溢出率决定,下面加以分析。

1. 方式 0 和方式 2

在方式 0 中,波特率为时钟频率的 1/12,即 fosc/12,固定不变。

在方式 2 中,波特率取决于 PCON 中的 SMOD 值,当 SMOD = 0 时,波特率为 fosc/64;当 SMOD = 1 时,波特率为 fosc/32 即波特率。

2. 方式 1 和方式 3

在方式 1 和方式 3 下,波特率由定时器 1 的溢出率和 SMOD 共同决定,即:方式 1 和方式 3 的波特率 = 定时器 1 溢出率。

其中,定时器 1 的溢出率取决于单片机定时器 1 的计数速率和定时器的预置值。计数速率与 TMOD 寄存器中的 C/T 位有关。当 C/T = 0 时,计数速率为 fosc/12;当 C/T = 1 时,计数速率为外部输入时钟频率。

实际上,当定时器 1 作波特率发生器使用时,通常是工作在模式 2,即自动重装载的 8 位定时器,此时 TL1 作计数用,自动重装载的值在 TH1 内。设计数的预置值(初始值)为 X,那么每过 256-X 个机器周期,定时器溢出一次。为了避免因溢出而产生不必要的中断,此时应禁止 T1 中断。溢出周期为

$$12/fosc \times (256 - X)$$

溢出率为溢出周期的倒数,所以

$$波特率 = 2^{SMOD} \times T1 \ 溢出率/32$$

表 3.6 列出了各种常用的波特率及获得办法。

表 3.6　常用波特率及获得办法

工作方式	波特率/KHz	晶振频率/MHz	SMOD	定时器1		
				C/T	工作方式	时间常数
方式 0	1 000	12	X	X	X	X
方式 1	375	12	1	X	X	X
方式 1、3	62.5	12	1	0	2	0FFH
	19.2	11.059	1	0	2	0FDH
	9.6	11.059	0	0	2	0FDH
	4.8	11.059	0	0	2	0FAH
	2.4	11.059	0	0	2	0F4H
	1.2	11.059	0	0	2	0E8H

四、串行口的应用

1. 串行口的初始化编程格式为

```
SIO：    MOV   SCON,#控制状态字        ;写方式字且 TI = RI = 0
         MOV   PCON,#80H              ;波特率加倍
         MOV   TMOD,#20H             ;T1 作波特率发生器
         MOV   TH1,#X                ;选定波特率
         MOV   TL1,#X
         SETB  TR1
         SETB  EA                    ;开串行口中断
         SETB  ES
```

例 3.12　若 $f_{osc} = 6$ MHz，波特率为 2 400 波特，设 SMOD = 1，则定时/计数器 T1 的计数初值为多少？并进行初始化编程。

解　$X = 256 - 2SMOD \times f_{osc}/（2\ 400 \times 32 \times 12）= 242.98 \approx 243 = F3H$

$f_{osc} = 11.059\ 2$ MHz，波特率为 2 400，设 SMOD = 0，则 $X = F4H$

```
初始化编程：        MOV   TMOD,#20H
                   MOV   PCON,#80H
                   MOV   TH1,#0F3H
                   MOV   TL1,#0F3H
                   SETB  TR1
                   MOV   SCON,#50H
```

2. 发送程序

1）查询方式

```
TRAM：   MOV   A,@ R0              ;取数据
         MOV   SBUF,A              ;发送一个字符
WAIT：   JBC   TI,NEXT             ;等待发送结束
         SJMP  WAIT
NEXT：   INC   R0                  ;准备下一次发送
         SJMP  TRAM
```

2）中断方式

```
         ORG   0023H              ;串行口中断入口
         AJMP  SINT
MAIN：   …                        ;初始化编程
TRAM：   MOV   A,@ R0              ;取数据
         MOV   SBUF,A              ;发送第一个字符
  H：    SJMP  H                   ;其他工作
SINT：   CLR   TI                  ;中断服务程序
         INC   R0
         MOV   A,@ R0              ;取数据
```

121

```
              MOV   SBUF,A              ;发送下一个字符
                    RETI
```

3. 接收程序

REN = 1、RI = 0 等待接收,当 RI = 1,从 SBUF 读取数据。

1)查询方式:

```
WAIT:       JBC   RI,NEXT            ;查询等待
            SJMP  WAIT
NEXT:       MOV   A,SBUF             ;读取接收数据
            MOV   @R0,A              ;保存数据
            INC   R0                 ;准备下一次接收
            SJMP  WAIT
```

2)中断方式

```
            ORG   0023H              ;入口地址
            AJMP  SINT
MAIN:       …                        ;初始化
H:          SJMP  H                  ;其他工作
SINT:       CLR   RI
            MOV   A,SBUF             ;接收数据
            INC   R0
            MOV   @R0,A
            RETI                      返回
```

例 3.13 将片内 RAM50H 起始单元的 16 个数由串行口发送。要求发送波特率为系统时钟的 32 分频,并进行奇偶校验。

```
MAINT:      MOV   SCON,#80H          ;串行口初始化
            MOV   PCON,#80H          ;波特率
            SETB  EA
            SETB  ES                 ;开串行口中断
            MOV   R0,#50H            ;设数据指针
            MOV   R7,#10H            ;数据长度
LOOP:       MOV   A,@R0              ;取一个字符
            MOV   C,P                ;加奇偶校验
            MOV   TB8,C
            MOV   SBUF,A             ;启动一次发送
HERE:       SJMP  HERE               ;CPU 执行其他任务
            ORG   0023H              ;串行口中断入口
            AJMP  TRANI
TRANI:      PUSH  A                  ;保护现场
            PUSH  PSW
            CLR   TI                 ;清发送结束标志
```

```
        DJNZ  R7,NEXT        ;是否发送完?
        CLR   ES             ;发送完,关闭串行口中断
        SJMP  TEND
NEXT:   INC   R0             ;未发送完,修改指针
        MOV   A,@R0          ;取下一个字符
        MOV   C,P            ;加奇偶校验
        MOV   TB8,C
        MOV   SBUF,A         ;发送一个字符
        POP   PSW            ;恢复现场
        POP   A
TEND:   RETI                 ;中断返回
```

例 3.14　串行输入 16 个字符,存入片内 RAM 的 50H 起始单元,串行口波特率为 2 400(设晶振为 11.059 2 MHz)。

```
RECS:   MOV   SCON,#50H      ;串行口方式1 允许接收
        MOV   TMOD,#20H      ;T1 方式2 定时
        MOV   TL1,#0F4H      ;写入 T1 时间常数
        MOV   TH1,#0F4H
        SETB  TR1            ;启动 T1
        MOV   R0,#50H        ;设数据指针
        MOV   R7,#10H        ;接收数据长度
WAIT:   JBC   RI,NEXT        ;等待串行口接收
        SJMP  WAIT
NEXT:   MOV   A,SBUF         ;读取接收字符
        MOV   @R0,A          ;保存一个字符
        INC   R0             ;修改指针
        DJNZ  R7,WAIT        ;全部字符接收完?
        RET
```

例 3.15　接收程序:串行输入 16 个字符,进行奇偶校验。

```
RECS:   MOV   SCON,#0D0H     ;串行口方式3 允许接收
        MOV   TMOD,#20H      ;T1 方式2 定时
        MOV   TL1,#0F4H      ;写入 T1 时间常数
        MOV   TH1,#0F4H
        SETB  TR1            ;启动 T1
        MOV   R0,#50H        ;设数据指针
        MOV   R7,#10H        ;接收数据长度
WAIT:   JBC   RI,NEXT        ;等待串行口接收
        SJMP  WAIT
NEXT:   MOV   A,SBUF         ;取一个接收字符
        JNB   P,COMP         ;奇偶校验
```

```
        JNB      RB8,ERR          ;P≠RB8,数据出错
        SJMP     RIGHT            ;P=RB8,数据正确
COMP：  JB       RB8,ERR
RIGHT： MOV      @R0,A            ;保存一个字符
        INC      R0               ;修改指针
        DJNZ     R7,WAIT          ;全部字符接收完?
        CLR      F0               ;F0=0,接收数据全部正确
RETERR：SETB     F0               ;F0=1,接收数据出错
        RET
```

任务巩固

1.串行与并行通信有什么区别?

2.什么是单工、半双工、全双工?

3.8051 单片机的串行通信口是哪两个?

4.单片机是如何通过 SBUF 来发送和接收数据的?

5.单片机与计算机之间的通信一般用哪种方式?

6.SCON 中的 REN、TI、RI 各有什么作用?

7.如何设置 SCON,使其工作在串行口方式 1 下,且能接收数据?

8.自己写一个合理的单片机与单片机之间的接收、发送程序,能使 A 机的处内 RAM20H ~ 2FH 单元的内容能发送到 B 机片内 RAM 的 20H ~ 2FH 单元。

实训 1　定时器的应用——信号灯的控制

1. 实训目的

(1)利用单片机的定时与中断方式,实现对信号灯的控制。

(2)通过定时器程序调试,学会定时器方式 1 的使用。

(3)通过中断程序调试,熟悉中断的基本概念。

2. 实训设备与器件

(1)实训设备:单片机开发系统、微机。

(2)实训器件:实训电路板 1 套。

3. 实训步骤与要求

1)定时器查询方式

(1)要求:信号灯循环显示,时间间隔为 1 s。

(2)方法:用定时器方式 1 编制 1 s 的延时程序,实现信号灯的控制。

下面是参考程序的设计及步骤。

系统采用 12 MHz 晶振,采用定时器 1,方式 1 定时 50 ms,用 R_3 做 50 ms 计数单元,其源

程序可设计如下:

```
            ORG    0000H
CONT:       MOV   R2,#07H
            MOV   A,#0FEH
NEXT:       MOV   P1,A
            ACALL   DELAY
            RL    A
            DJNZ  R2,NEXT
            MOV   R2,#07H
NEXT1:      MOV   P1,A
            RR    A
            ACALL   DELAY
            DJNZ   R2,NEXT1
            SJMP    CONT
DELAY:      MOV   R3,#14H          ;置 50 ms 计数循环初值
            MOV   TMOD,#10H         ;设定时器 1 为方式 1
            MOV   TH1,#3CH          ;置定时器初值
            MOV   TL1,#0B0H
            SETB  TR1               ;启动定时器 1
LP1:        JBC   TF1,LP2           ;查询计数溢出
            SJMP  LP1               ;未到 50 ms 继续计数
LP2:        MOV   TH1,#3CH          ;重新置定时器初值
            MOV   TL1,#0B0H
            DJNZ  R3,LP1            ;未到 1 s 继续循环
            RET                     ;返回主程序
            END
```

2)定时器中断方式

(1)要求:信号灯循环显示,时间间隔为 1 s。

(2)方法:用定时器中断方式编制 1 s 的延时程序,实现对信号灯的控制。

采用定时器 1 中断定时 50 ms,用 R3 做 50 ms 计数单元,在此基础上再用 08H 位作 1 s 计数溢出标志,主程序从 0100H 开始,中断服务程序名为 CONT,可设计源程序如下:

```
        ORG   0000H             ;程序入口
        AJMP  0100H             ;指向主程序
        ORG   001BH             ;定时器定时器 1 中断入口
        AJMP  CONT              ;指向中断服务程序
        ORG  0100H
MAIN:   MOV   TMOD,#10H          ;制定时器 1 为工作方式 1
        MOV   TH1,#3CH           ;置 50 ms 定时初值
        MOV   TL1,#0B0H
```

```
            SETB  EA               ;CPU 开中断
            SETB  ET1              ;定时器 1 开中断
            SETB  TR1              ;启动定时器 1
            CLR   08H              ;清 1 s 计满标志位
            MOV   R3,#14H          ;置 50 ms 循环初值
DISP:       MOV   R2,07H
            MOV   A,#0FEH
NEXT:       MOV   P1,A
            JNB   08H,$            ;查询 1 s 时间到否
            CLR   08H              ;清标志位
            RL    A
            DJNZ  R2,NEXT
            MOV   R2,#07H
NEXT1:      MOV   P1,A
            JNB   08H,$
            CLR   08H
            RR    A
            DJNZ  R2,NEXT1
            SJMP  DISP
CONT:       MOV   TH1,#3CH         ;重置 50 ms 定时初值
            MOV   TL1,#0B0H
            DJNZ  R3,EXIT          ;判断 1 s 定时到否
            MOV   R3,#14H          ;重置 50 ms 循环初值
            SETB  08H              ;标志位置 1
EXIT:       RETI
            END
```

4. 实训总结与分析

实训 2　外部中断的应用——工业顺序控制

要求

用 AT89S51 的 P1.0—P1.6 控制注塑机的七道工序,现模拟控制七只发光二极管的点亮,高电平有效,设定每道工序时间转换为延时,P3.4 为开工启动开关 K1,低电平启动。P3.3 为外故障输入模拟开关 K2,P3.3 为 0 时不断报警。P2.3 为报警声音输出,设定 6 道工序只有一位输出,第七道工序有三位输出。

实验说明

实验中用外部中断 0,编中断服务程序的关键是:

(1)保护进入中断时的状态,并在退出中断之前恢复进入时的状态。

（2）必须在中断程序中设定是否允许中断重入，即设置 EX0 位。

一般中断程序进入时应保护 PSW、ACC 以及中断程序使用但非其专用的寄存器，本实验中未涉及。

1. 实训目的

（1）利用单片机的外部中断方式，实现对信号灯的控制。

（2）通过外部中断程序调试，学会外部中断的使用。

（3）通过中断程序调试，熟悉中断的基本概念。

2. 实训设备与器件

（1）实训设备：单片机开发系统、微机。

（2）实训器件：实训电路板 1 套。

3. 步骤

（1）将程序下载到单片机实验系统完成编译，不按下任何一个开关用连续方式从起始地址 0000H 开始，此时应在等待开工状态。

（2）按下 K1（显示低电平），各道工序应正常运行。

（3）按下 K2（低电平），应有声音报警（人为设置故障）。

（4）松开 K2（高电平），即排除故障，程序应从刚才报警的那道工序开始继续执行。

参考程序如下

```
ORG   0003H
   LJMP   HA2S3
   ORG   0580H
HA2S:MOV   P1,#0FFH
   ORL   P3,#00H
HA2S1:JNB   P3.4,HA2S1
   ORL   IE,#81H
   ORL   IP,#01H
   MOV   PSW,#00H
   MOV   SP,#53H
HA2S2:MOV   P1,#7EH
   ACALL   HA2S7
   MOV   P1,#07DH
   ACALL   HA2S7
   MOV   P1,#07BH
   ACALL   HA2S7
   MOV   P1,#077H
   ACALL   HA2S7
   MOV   P1,#06FH
   ACALL   HA2S7
   MOV   P1,#05FH
   ACALL   HA2S7
```

```
        MOV   P1,#03FH
        ACALL   HA2S7
        SJMP  HA2S2
HA2S3:MOV   B,R2
HA2S4:MOV   P1,#7FH
        MOV   20H,#0A0H
HA2S5:SETB  P2.3
        ACALL   HA2S6
        CLR   P2.3
        ACALL   HA2S6
        DJNZ  20H,HA2S5
        CLR   P2.3
        ACALL   HA2S6
        JNB   P3.2,HA2S4
        MOV   R2,B
        RETI
HA2S6:MOV   R2,#06H
        ACALL   DELAY
        RET
HA2S7:MOV   R2,#30H
        ACALL   DELAY
        RET
DELAY:PUSH   02H
DELAY1:PUSH   02H
DELAY2:PUSH   02H
DELAY3:DJNZ   R2,DELAY3
        POP   02H
        DJNZ  R2,DELAY2
        POP   02H
        DJNZ  R2,DELAY1
        POP   02H
        DJNZ  R2,DELAY
        RET
        END
```

学习情境 **4**
单片机的系统扩展

任务一 MCS—51 单片机的存储器扩展

> **知识点及目标:**存储器是单片应用系统中一个很重要的硬件资源,单片机内部存储器的容量有限(片内程序存储器可达 32 KB),片内数据存储器也可达 2 KB),在设计单片机应用系统时,首先要尽量选取满足系统需要的最小系统。当单片机本身功能部件确实不够时,就需要在外部扩展,MCS—51系列单片机的并行接口可以组成总线,具有较强的扩展功能。采用常用的接口芯片,按照典型的电路连接,就能很方便地构成各种不同扩展的应用系统。通过学习,我们要掌握系统扩展的硬件连接线路及寻址方法。
>
> **能力点及目标:**根据要求将单片机与存储器芯片进行扩展,完成硬件连线及寻址方式。

 任务描述

　　单片机的存储器是系统内部一个很重要的硬件资源,当内部资源不够时,我们必须在外部增加资源,单片机与扩展部分的硬件连线与寻址就成为了我们学习的主要任务。

 任务分析

　　要求学生具备一定的数字逻辑知识,利用逻辑知识解决硬件连线与寻址方式等方面的问题。

 相关知识

一、最小系统

1.常用单片机的内部资源

单片机内资源少,容量小,在进行较复杂过程的控制时,它自身的功能远远不能满足需要。为此,应扩展其功能。MCS—51 单片机的扩展性能较强,根据需要,可扩展 ROM、RAM;定时/计数器;并行 I/O 口、串行口;中断系统扩展等。

8051/8751 硬件最小系统由于片内有 ROM 型单片机,其自身可以构成最小系统,如图4.1所示。

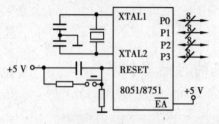

图 4.1　8051/8751 单片机构成最小应用系统

该系统的资源如下:

4 KB ROM,256 B RAM;

五源中断系统;

两个十六位加一定时/计数器;

一个全双工串行 UART;

四个并行 I/O 口。

8031 硬件最小系统

8031 单片机片内无 ROM,若要正常工作,必须外配 ROM,如图4.2所示。外接 ROM 后,P3 口、P2 口、P0 口均被占用只剩下 P1 口作 I/O 口用,其他功能不变。

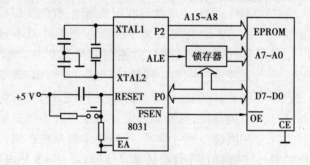

图 4.2　8031 硬件最小系统

2.单片机的总线组成

三总线的概念:

地址总线——AB,P0 口提供(A7 ~ A0)通过锁存器来提供;P2 口提供(A15 ~ A8),共16 位。

数据总线——DB,P0 口提供(D7 ~ D0),共 8 位。

控制总线——CB,ALE、PSEN、RW、WR、EA 等。

二、程序存储器的扩展

1.单片机程序存储器概述

单片机应用系统由硬件和软件组成,软件的载体就是硬件中的程序存储器。对于 MCS—51

系列 8 位单片机,片内程序存储器的类型及容量如表 4.1 所示。

表 4.1　MCS—51 系列单片机片内程序存储器一览表

单片机型号	片内存储器	
	类型	容量/B
8031	无	—
8051	PROM	4 KB
8751	EPROM	4 KB
8951	Flash	4 KB

对于没有内部 ROM 的单片机或者当程序较长、片内 ROM 容量不够时,用户必须在单片机外部扩展程序存储器。MCS—51 单片机片外有 16 条地址线,即 P0 口和 P2 口,因此最大寻址范围为 64 KB(0000H ~ FFFFH)。

这里要注意的是,MCS—51 单片机有一个管脚——$\overline{EA}$ 与程序存储器的扩展有关。如果 $\overline{EA}$ 接高电平,那么片内存储器地址范围是 0000H ~ 0FFFH(4 KB),片外程序存储器地址范围是 1000H ~ FFFFH(60 KB)。如果 $\overline{EA}$ 接低电平,不使用片内程序存储器,片外程序存储器地址范围为 0000H ~ FFFFH(64 KB)。

8031 单片机没有片内程序存储器,因此 $\overline{EA}$ 管脚总是接低电平。

扩展程序存储器常用的芯片是 EPROM(Erasable Programmable Read Only Memory)型(紫外线可擦除型),如 2716(2 K×8)、2732(4 K×8)、2764(8 K×8)、27128(16 K×8)、27256(32 K×8)、27512(64 K×8)等。另外,还有 +5 V 电可擦除 EEPROM,如 2816(2 K×8)、2864(8 K×8)等。如果程序总量不超过 4 KB,一般选用具有内部 ROM 的单片机。8051 内部 ROM 只能由厂家将程序一次性固化,不适合小批量用户和程序调试时使用,因此选用 8751、8951 的用户较多。

如果程序超过 4 KB,用户一般不会选用 8751、8951,而是直接选用 8031,利用外部扩展存储器来存放程序。

常用 EPROM 芯片

1)EPROM 2716

2716 是 2 K×8 位的紫外线擦除电可编程只读存储器,单一 +5 V 电源供电,运行时最大功耗为 252 mW,维持功耗为 132 mW,读出时间最大为 450 ns,封装形式为 DIP24。2716 有地址线 11 条(A0 ~ A10),数据线 8 条(O0 ~ O7),$\overline{CE}$ 为片选线,低电平有效,$\overline{OE}$ 为数据输出允许信号,低电平有效,VPP 为编程电源,VCC 为工作电源。

2)EPROM 2764

2764 是 8 K×8 位的 EPROM,单一 +5 V 电源供电,工作电流为 75 mA,维持电流为 35 mA,读出时间最大为 250 ns,DIP28 封装。2764A 有 13 条(A0 ~ A12)地址线,数据输出线 O0 ~ O7,$\overline{CE}$ 为片选线,$\overline{OE}$ 为数据输出允许线,PGM 为编程脉冲输入端,VPP 为编程电源,VCC 为工作电源。

3)EPROM 27128

27128 是 16 K×8 位的 EPROM,单一 +5 V 电源供电,工作电流为 100 mA,维持电流为 40 mA,读出时间最大为 250 ns,DIP28 封装。27128A 有 14 条(A0 ~ A13)地址线,数据输出线

OO ~ O7,$\overline{CE}$为片选线$\overline{OE}$为数据输出允许线,RGM 为编程脉冲输入端,VPP 为编程电源,VCC 为工作电源。

4)EPROM 27256

27256 是 32 K×8 位的 EPROM,单一 +5 V 电源供电,工作电流为 100 mA,维持电流为 40 mA,读出时间最大为 250 ns,DIP28 封装。27256 有 15 条 A0 ~ A14 地址线,数据输出线 OO ~ O7,为片选线,为数据输出允许线,VPP 为编程电源,VCC 为工作电源。

2716、2764、27128 和 27256 的管脚如图 4.3 所示。

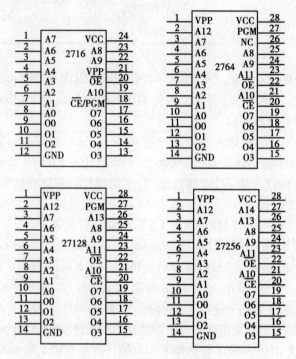

图 4.3 常见存储器的管脚

2.EPROM 程序存储器扩展实例

例 4.1 在 8031 单片机上扩展 16 KB EPROM 程序存储器。

4 紫外线擦除电可编程只读存储器 EPROM 是国内应用得较多的程序存储器。EPROM 芯片上有一个玻璃窗口,在紫外线照射下,存储器中的各位信息均变为 1,即处于擦除状态。擦除干净的 EPROM 可以通过编程器将应用程序固化到芯片中。

1)选择芯片

本例要求选用 8031 单片机,内部无 ROM 区,无论程序长短都必须扩展程序存储器(目前很少这样使用,但扩展方法比较典型、实用)。

在选择程序存储器芯片时,首先必须满足程序容量,其次在价格合理情况下尽量选用容量大的芯片。这样做的话,使用的芯片少,从而接线简单,芯片存储容量大,程序调整余量也大。如估计程序总长在 16 KB 以内,最好是扩展一片 16 KB 的 EPROM 27128,而不是选用 2 片 2764(8 KB)。

在单片机应用系统硬件设计中应注意,尽量减少芯片使用个数,使得电路结构简单,提高可靠性,这也是 8951 比 8031 应用更加广泛的原因之一。

2)硬件电路图

8031 单片机扩展一片 27128 程序存储器电路,如图 4.4 所示。

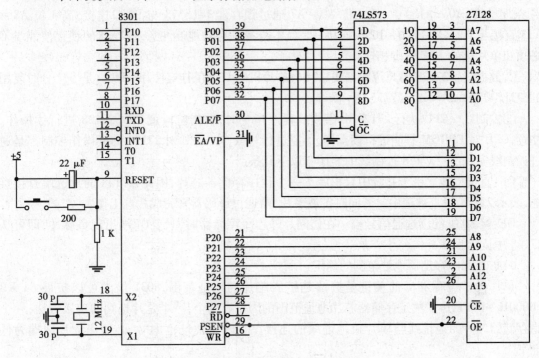

图 4.4 单片机扩展 27128EPROM 电路

3)芯片说明

①74LS373。74LS373 是带三态缓冲输出的 8D 锁存器,由于片机的三总线结构中,数据线与地址线的低 8 位共用 P0 口,因此必须用地址锁存器将地址信号和数据信号区分开。74LS373 的锁存控制端 G 直接与单片机的锁存控制信号 ALE 相连,在 ALE 的下降沿锁存低 8 位地址。

②EPROM 27128。EPROM 27128 的容量为 16 K×8 位。16 K 表示有 16×1 024 个存储单元,8 位表示每个单元存储数据的宽度是 8 位。前者确定了地址线的位数是 14 位(A0 ~ A13),后者确定了数据线的位数是 8 位(D0 ~ D7)。目前,除了串行存储器之外,一般情况下,我们使用的都是 8 位数据存储器。27128 采用单一 +5 V 电源供电,最大静态工作电流为 100 mA,维持电流为 35 mA,读出时间最大为 250 ns,其管脚图见后面的图 4.4。

其中,A0 ~ A13 为地址线;D0 ~ D7 为数据线;$\overline{CE}$ 为片选线;$\overline{OE}$ 为输出允许。

除了 14 条地址线和 8 条数据线之外,$\overline{CE}$ 为片选线,低电平有效。也就是说,只有当 $\overline{CE}$ 为低电平时,27128 才被选中,否则,27128 不工作。$\overline{OE}$ 为输出允许,用作程序存储器时,其功能是允许读数据出来。

4)扩展总线的产生

一般的 CPU,像 INTEL 8086/8088、Z80 等,都有单独的地址总线、数据总线和控制总线,而 MCS—51 系列单片机由于受管脚的限制,数据线与地址线是复用的,为了将它们分离开来,必须在单片机外部增加地址锁存器,构成与一般 CPU 相类似的三总线结构。

5）连线说明

①地址线。单片机扩展片外存储器时，地址是由 P0 和 P2 口提供的。图 4.3 中，27128 的 14 条地址线（A0～A13）中，低 8 位 A0～A7 通过锁存器 74LS373 与 P0 口连接，高 4 位 A8～A13 直接与 P2 口的 P2.0～P2.5 连接，P2 口本身有锁存功能。注意，锁存器的锁存使能端 G 必须和单片机的 ALE 管脚相连。

②数据线。27128 的 8 位数据线直接与单片机的 P0 口相连。因此，P0 口是一个分时复用的地址/数据线。

③控制线。CPU 执行 27128 中存放的程序指令时，取指阶段就是对 27128 进行读操作。注意，CPU 对 EPROM 只能进行读操作，不能进行写操作。CPU 对 27128 的读操作控制都是通过控制线实现的。27128 控制线的连接有以下几条：

$\overline{CE}$：直接接地。由于系统中只扩展了一个程序存储器芯片，因此，27128 的片选端直接接地，表示 27128 一直被选中。若同时扩展多片，需通过译码器来完成片选工作。

$\overline{OE}$：接 8031 的读选通信号端。在访问片外程序存储器时，只要 OE 端出现负脉冲，即可从 27128 中读出程序。

6）扩展程序存储器地址范围的确定

单片机扩展存储器的关键是搞清楚扩展芯片的地址范围，8031 最大可以扩展 64 KB（0000H～FFFFH）。决定存储器芯片地址范围的因素有两个：一个是片选端的连接方法；一个是存储器芯片的地址线与单片机地址线的连接。在确定地址范围时，必须保证片选端为低电平。

本例中，27128 的片选端总是接地，因此第一个条件总是满足的，另外，273128 有 14 条地址线，与 8031 的 14 位地址相连，编码结果如下：

××0000000000000B～××11111111111111B

0000H～3FFFH

请读者用 8031 单片机扩展一片 EPROM 2764，请对照上述 6 点理清连接方法，从而确定 2764 的地址范围。

7）EPROM 的使用

存储器扩展电路是单片机应用系统的功能扩展部分，只有当应用系统的软件设计完成了，才能把程序通过特定的编程工具（一般称为编程器或 EPROM 固化器）固化到 27128 中，然后再将 27128 插到用户板的插座上（扩展程序存储器一定要焊插座）。

当上电复位时，PC=0000H，自动从 2732 的 0000H 单元取指令，然后开始执行指令。

如果程序需要反复调试，可以用紫外线擦除器先将 27128 中的内容擦除，然后再固化修改后的程序，进行调试。

如果要从 EPROM 中读出程序中定义的表格，需使用查表指令：

MOVC   A, @A+DPTR

MOVC   A, @A+PC

从上面这个实例，我们可以体会到扩展程序存储器的一般方法。程序存储器与单片机的连线分为三类：

（1）数据线，通常有 8 位数据线，由 P0 口提供。

（2）地址线，地址线的条数决定了程序存储器的容量。低 8 位地址线由 P0 口提供，高 8

位由 P2 口提供,具体使用多少条地址线视扩展容量而定。

(3)控制线,存储器的读允许信号与单片机的取指令信号相连;存储器片选线的接法决定了程序存储器的地址范围,当只采用一片程序存储器芯片时,可以直接接地,当采用多片时要使用译码器来选中。

例4.2　如用译码法扩展一片 2764,见图 4.5 单片机译码法来扩展 2764EPROM 电路。

①连线说明

2764 与单片机的连线如下:

地址线:A0 ~ A12 连接单片机地址总线的 A0 ~ A12,即 P0.0 ~ P0.7、P2.0、P2.1、P2.2、P2.3、P2.4、P2.4 共 13 根。

数据线:I/O0 ~ I/O7 连接单片机的数据线,即 P0.0 ~ P0.7。

控制线:$\overline{CE}$片选端由单片机的剩余的 P2.5、P2.6、P2.7 经三线—八线译码器(74LS138)译码产生($\overline{Y0}$),读允许线$\overline{OE}$连接单片机的读程序存储器控制线$\overline{PSEN}$。

②片外 ROM 地址范围的确定及使用

按照图 4.5 的连线,片选端经译码器产生,这种扩展方法称为译码法。显然,当 P2.5、P2.6、P2.7 都为 0 时,芯片才工作,故其地址范围确定如下:

0000000000000000B ~ 0001111111111111B

0000H ~ 1FFFH

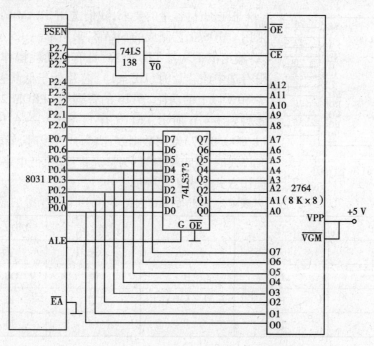

图 4.5　单片机扩展 2764 EPROM 电路

三、数据存储器扩展

1. 单片机 RAM 概述

RAM 是用来存放各种数据的,MCS—51 系列 8 位单片机内部有 128 B RAM 存储器,CPU

对内部 RAM 具有丰富的操作指令。但是,当单片机用于实时数据采集或处理大批量数据时,仅靠片内提供的 RAM 是远远不够的。此时,我们可以利用单片机的扩展功能,扩展外部数据存储器。

常用的外部数据存储器有静态 RAM(Static Random Access Memory—SRAM)和动态 RAM(Dynamic Random Access Memory—DRAM)两种。前者读/写速度高,一般都是 8 位宽度,易于扩展,且大多数与相同容量的 EPROM 引脚兼容,有利于印刷版电路设计,使用方便;缺点是集成度低,成本高,功耗大。后者集成度高,成本低,功耗相对较低;缺点是需要增加一个刷新电路,附加另外的成本。

MCS—51 单片机扩展片外数据存储器的地址线也是由 P0 口和 P2 口提供的,因此最大寻址范围为 64 KB(0000H ~ FFFFH)。一般情况下,SRAM 用于仅需要小于 64 KB 数据存储器的小系统,DRAM 经常用于需要大于 64 KB 的大系统。

2. RAM 扩展实例

应用系统中只扩展一片 RAM

例 4.3　在一单片机应用系统中扩展 2 KB 静态 RAM。

(1)芯片选择

单片机扩展数据存储器常用的静态 RAM 芯片有 6116(2 K × 8 位)、6264(8 K × 8 位)、62256(32 K × 8 位)等。

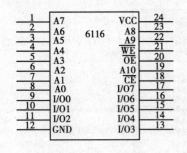

图 4.6　6116 管脚图

根据题目容量的要求,我们选用 SRAM 6116。它是一种采用 CMOS 工艺制成的 SRAM,采用单一 + 5 V 电源供电,输入/输出电平均与 TTL 兼容,具有低功耗操作方式。当 CPU 没有选中该芯片时($\overline{CE}$ = 1),芯片处于低功耗状态,可以减少 80% 以上的功耗。6116 的管脚与 EPROM 2716 管脚兼容,管脚如图 4.6 所示。6116 有 11 条(A0 ~ A10)地址线;8 条(I/O0 ~ I/O7)双向数据线;当为片选线时,低电平有效;为写允许线时,低电平有效;为读允许线时,低电平有效。6116 的操作方式如表 4.2 所示。

表 4.2　6116 的操作方式

$\overline{CE}$	$\overline{OE}$	$\overline{WE}$	方　式	I/O0 ~ I/O7
H	×	×	未选中	高阻
L	L	H	读	O0 ~ O7
L	H	L	写	I0 ~ I7
L	L	L	写	I0 ~ I7

(2)硬件电路

单片机与 6116 的硬件连接如图 4.7 所示。

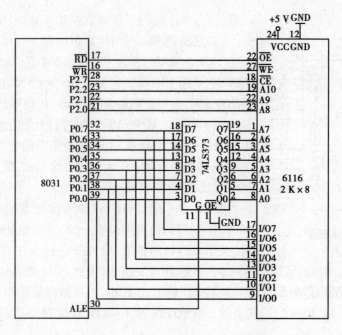

图 4.7　单片机扩展 2 KB RAM 电路

（3）连线说明

6116 与单片机的连线如下：

地址线：A0 ~ A10 连接单片机地址总线的 A0 ~ A10，即 P0.0 ~ P0.7、P2.0、P2.1、P2.2 共 11 根。

数据线：I/O0 ~ I/O7 连接单片机的数据线，即 P0.0 ~ P0.7。

控制线：$\overline{CE}$ 片选端连接单片机的 P2.7，即单片机地址总线的最高位 A15；读允许线 $\overline{DE}$ 连接单片机的读数据存储器控制线 $\overline{RD}$；写允许线 $\overline{WE}$ 连接单片机的写数据存储器控制线 $\overline{WR}$。

（4）片外 RAM 地址范围的确定及使用

按照图 4.8 的连线，片选端直接与某一地址线 P2.7 相连，这种扩展方法称为线选法。显然，只有 P2.7 = 0，才能够选中该片 6116，故其地址范围确定如下：

××××× 00000000000B ~ ××××× 11111111111B

×000H ~ ×7FFH

其中，"×"表示跟 6116 无关的管脚，取 0 或 1 都可以。

如果与 6116 无关的管脚取 0，那么，6116 的地址范围是 0000H ~ 07FFH；如果与 6116 无关的管脚取 1，那么，6116 的地址范围是 7800H ~ 7FFFH。

单片机对 RAM 的读写除了可以使用在实训 6 中出现的指令：

MOVX　　@ DPTR, A　　;64 KB 内写入数据

MOVX　　A,@ DPTR　　;64 KB 内读取数据

外，还可以使用以下对低 256 B 的读写指令：

MOVX　　@ Ri, A　　;低 256 B 内写入数据

MOVX　　A,@ R2　　;低 256 B 内读取数据

例 4.4　扩展 8 KB RAM，地址范围是 2000H ~ 3FFFH，并且具有唯一性；其余地址均作为

外部 I/O 扩展地址。

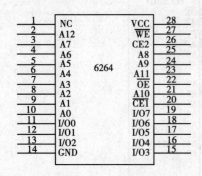

图 4.8 6264 管脚

（1）芯片选择

①静态 RAM 芯片 6264。6264 是 8 K × 8 位的静态 RAM，它采用 CMOS 工艺制造，单一 +5 V 电源供电，额定功耗 200 mW，典型读取时间 200 ns，封装形式为 DIP28，管脚如图 4.8 所示。其中，A0 ~ A12 为 13 条地址线；I/O0 ~ I/O7 为 8 条数据线，双向；CE1 为片选线 1，低电平有效；CE2 为片选线 2，高电平有效；OE 为读允许信号线，低电平有效；WE 为写信号线，低电平有效。

②3-8 译码器 74LS138。题目要求扩展 RAM 的地址（2000H ~ 3FFFH）范围是唯一的，其余地址用于外部 I/O 接口（关于 I/O 口的扩展，会在下一任务中介绍）。由于外部 I/O 占用外部 RAM 的地址范围，操作指令都是 MOVX 指令，因此，I/O 和 RAM 同时扩展时必须进行存储器空间的合理分配。这里采用全译码方式，6264 的存储容量是 8 K × 8 位，占用了单片机的 13 条地址线 A0 ~ A12，剩余的 3 条地址线 A13 ~ A15 通过 74LS138 来进行全译码。

（2）硬件连线

用单片机扩展 8 KB SRAM 的硬件连线图如图 4.9 所示。

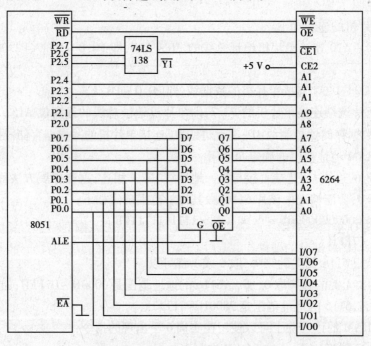

图 4.9 单片机与 6264 SRAM 的连接

单片机的高三位地址线 A13、A14、A15 用来进行 3-8 译码，译码输出的 Y1 接 6264 的片选线 CE1；剩余的译码输出用于选通其他的 I/O 扩展接口。

6264 的片选线 CE2 直接接 +5 V 高电平；

6264 的输出允许信号 OE 接单片机的 RD，写允许信号 WE 接单片机的 WR。

（3）6264 的地址范围

根据片选线及地址线的连接,6264 的地址范围确定如下:

×××0000000000000B ~ ×××1111111111111B

0000H ~ 1FFFH

任务巩固

1. 扩充外部总线时,P0 口会出现哪些信息?

2. 试总结一下单片机扩展程序存储器与数据存储器的基本任务有哪些。

3. 若要用 8051 单片机扩展 64 KB 的 RAM,但现在只有 62256 芯片,该如何来设计方案?

任务二　MCS—51 单片机的并行 I/O 口扩展

> 知识点及目标:I/O 接口是 CPU 与外设进行信息交流的桥梁,它虽本身集成有一定的 I/O 接口如并行接串行接口、定时器等接口电路,当这些接口电路的数量或功能不能满足系统要求时,需要进行 I/O 接口电路扩展。我们要学会常用接口电路的扩展方法,特别是掌握其硬件连线与寻址方式。
>
> 能力点及目标:根据要求将单片机与常用接口芯片进行扩展,完成硬件连线及寻址方式。

任务描述

单片机的 I/O 接口是应用系统一个很重要的环节,当内部接口不够时,我们必须在外部增加资源,单片机与扩展部分的硬件连线与寻址就成为了我们学习的主要任务。

任务分析

要求学生具备一定的数字逻辑知识,利用逻辑知识解决单片机与接口电路的硬件连线与寻址方式等方面的问题。

相关知识

一、MCS—51 内部并行 I/O 口及其作用

51 系列单片机内部有 4 个双向的并行 I/O 端口:P0 ~ P3,共占 32 根引脚。P0 口的每一位

可以驱动 8 个 TTL 负载,P1~P3 口的负载能力为三个 TTL 负载。有关 4 个端口的结构及详细说明,在前面的有关章节中已做过介绍,这里不再赘述。

在无片外存储器扩展的系统中,这 4 个端口都可以作为准双向通用 I/O 口使用。通过上一任务的介绍,我们知道,在具有片外扩展存储器的系统中,P0 口分时地作为低 8 位地址线和数据线,P2 口作为高 8 位地址线。这时,P0 口和部分或全部的 P2 口无法再作通用 I/O 口。P3 口具有第二功能,在应用系统中也常被使用。因此在大多数的应用系统中,真正能够提供给用户使用的只有 P1 和部分 P2、P3 口。

综上所述,MCS—51 单片机的 I/O 端口通常需要扩充,以便和更多的外设(例如显示器、键盘)进行联系。

在 51 单片机中扩展的 I/O 口采用与片外数据存储器相同的寻址方法,所有扩展的 I/O 口,以及通过扩展 I/O 口连接的外设都与片外 RAM 统一编址,因此,对片外 I/O 口的输入/输出指令就是访问片外 RAM 的指令,即:

MOVX @DPTR,A
MOVX @Ri,A
MOVX A,@DPTR
MOVX A,@Ri

实际中,扩展 I/O 口的方法有三种:简单的 I/O 口扩展、采用可编程的并行 I/O 接口芯片扩展以及利用串行口进行 I/O 口的扩展。本情境重点介绍前两种扩展方法及实际应用。

二、简单的 I/O 口扩展

简单的 I/O 口扩展通常是采用 TTL 或 CMOS 电路锁存器、三态门等作为扩展芯片,通过 P0 口来实现扩展的一种方案。它具有电路简单、成本低、配置灵活的特点。

1. 扩展实例

图 4.10 为采用 74LS244 作为扩展输入、74LS273 作为扩展输出的简单 I/O 口扩展。

2. 芯片及连线说明

在图 4.10 的电路中采用的芯片为 TTL 电路 74LS244、74LS273。其中,74LS244 为 8 缓冲线驱动器(三态输出),$\overline{G1}$、$\overline{G2}$ 为低电平有效的使能端。当二者之一为高电平时,输出为三态。74LS273 为 8D 触发器,CLR 为低电平有效的清除端。当 $\overline{CLR}=0$ 时,输出全为 0 且与其他输入端无关;CP 端是时钟信号,当 CP 由低电平向高电平跳变时刻,D 端输入数据传送到 Q 输出端。

P0 口作为双向 8 位数据线,既能够从 74LS244 输入数据,又能够从 74LS273 输出数据。

输入控制信号由 P2.0 和 RD 相"或"后形成。当二者都为 0 时,74LS244 的控制端有效,选通 74LS244,外部的信息输入到 P0 数据总线上。当与 74LS244 相连的按键都没有按下时,输入全为 1,若按下某键,则所在线输入为 0。

输出控制信号由 P2.0 和 $\overline{WR}$ 相"或"后形成。当二者都为 0 后,74LS273 的控制端有效,选通 74LS273,P0 上的数据锁存到 74LS273 的输出端,控制发光二极管 LED,当某线输出为 0 时,相应的 LED 发光。

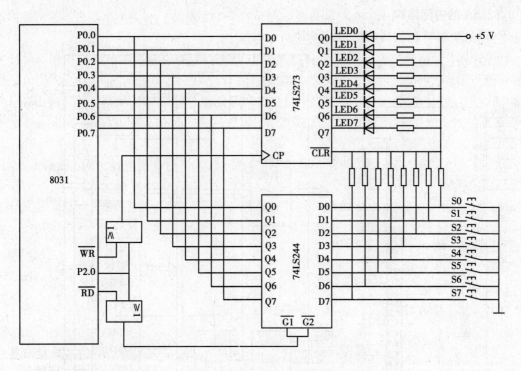

图 4.10　简单 I/O 口扩展电路

3. I/O 口地址确定

因为 74LS244 和 74LS273 都是在 P2.0 为 0 时被选通的,所以二者的口地址都为 FEFFH (这个地址不是唯一的,只要保证 P2.0 = 0,与其他地址位无关)。但是由于分别由 $\overline{WR}$ 和 $\overline{RD}$ 控制,因而两个信号不可能同时为 0(执行输入指令,如 MOVX A,@ DPTR 或 MOVX A,@ Ri 时,有效;执行输出指令,如 MOVX @ DPTR,A 或 MOVX @ Ri,A 时,有效),所以逻辑上二者不会发生冲突。

4. 编程应用

下述程序实现的功能是按下任意键,对应的 LED 发光。

```
CONT:    MOV     DPTR,#0FEFFH      ;数据指针指向口地址
         MOVX    A,@ DPTR          ;检测按键,向 74LS244 读入数据
         MOVX    @ DPTR,A          ;向 74LS273 输出数据,驱动 LED
         SJMP    CONT              ;循环
```

三、采用 8255A 扩展 I/O 口

所谓可编程的接口芯片是指其功能可由微处理机的指令来加以改变的接口芯片,利用编程的方法,可以使一个接口芯片执行不同的接口功能。目前,各生产厂家已提供了很多系列的可编程接口,MCS—51 单片机常用的两种接口芯片是 8255A 以及 8155,本书主要介绍 8255A 芯片在 51 单片机中的使用。

8255A 和 MCS—51 相连,可以为外设提供三个 8 位的 I/O 端口:A 口、B 口和 C 口,三个端口的功能完全由编程来决定。

1.8255A 的内部结构

图 4.11 为 8255 的内部结构和引脚图。

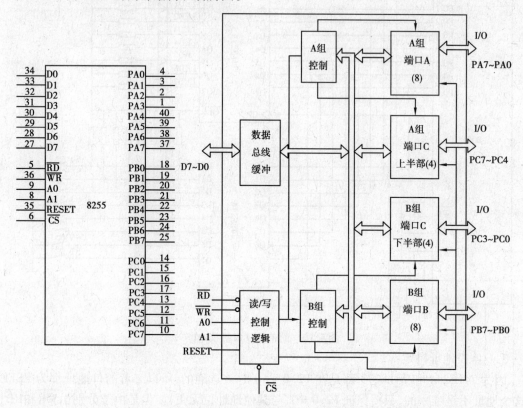

图 4.11   8255A 的内部结构和引脚图

(1)A 口、B 口和 C 口。A 口、B 口和 C 口均为 8 位 I/O 数据口,但结构上略有差别。A 口由一个 8 位的数据输出缓冲/锁存器和一个 8 位的数据输入缓冲/锁存器组成。B 口由一个 8 位的数据输出缓冲/锁存器和一个 8 位的数据输入缓冲器组成。三个端口都可以和外设相连,分别传送外设的输入/输出数据或控制信息。

(2)A、B 组控制电路。这是两组根据 CPU 的命令字控制 8255 工作方式的电路。A 组控制 A 口及 C 口的高 4 位,B 组控制 B 口及 C 口的低 4 位。

(3)数据缓冲器。这是一个双向三态 8 位的驱动口,用于和单片机的数据总线相连,传送数据或控制信息。

(4)读/写控制逻辑。这部分电路接收 MCS—51 送来的读/写命令和选口地址,用于控制对 8255 的读/写。

2.引脚

(1)数据线(8 条)。

D0 ~ D7 为数据总线,用于传送 CPU 和 8255 之间的数据、命令和状态字。

(2)控制线和寻址线(6 条)。

RESET:复位信号,输入高电平有效。一般和单片机的复位相连,复位后,8255 所有内部寄存器清 0,所有口都为输入方式。

$\overline{RD}$ 和 $\overline{WR}$:读/写信号线,输入,低电平有效。当 $\overline{RD}$ 为 0 时($\overline{WR}$ 必为 1),所选的 8255 处于

可读状态,8255 送出信息到 CPU。反之亦然。

$\overline{CS}$ 片选线,输入,低电平有效。

A0、A1:地址输入线。当 =0,芯片被选中时,这两位的 4 种组合 00、01、10、11 分别用于选择 A、B、C 口和控制寄存器。

(3)I/O 口线(24 条):PA0 ~ PA7、PB0 ~ PB7、PC0 ~ PC7 为 24 条双向三态 I/O 总线,分别与 A、B、C 口相对应,用于 8255 和外设之间传送数据。

(4)电源线(2 条):VCC 为 +5 V,GND 为地线。

3.8255A 的控制字

8255A 的三个端口具体工作在什么方式下,是通过 CPU 对控制口的写入控制字来决定的。8255A 有两个控制字:方式选择控制字和 C 口置/复位控制字。用户通过程序把这两个控制字送到 8255 的控制寄存器(A0A1 = 11),这两个控制字以 D7 来作为标志。

1)方式选择控制字

方式选择控制字的格式和定义如图 4.12(a)所示。

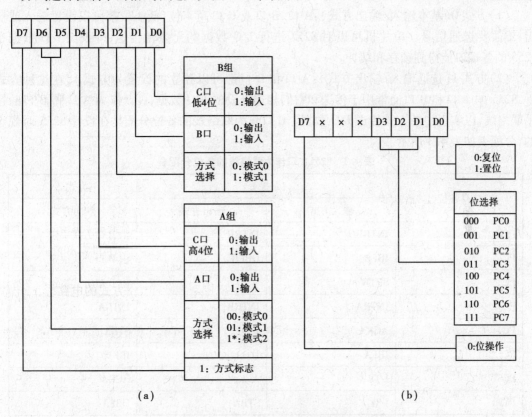

(a)　　　　　　　　　　　　(b)

图 4.12　8255A 控制字的格式和定义

例 4.5　设 8255 控制字寄存器的地址为 F3H,试编程使 A 口为方式 0 输出,B 口为方式 0 输入,PC4 ~ PC7 为输出,PC0 ~ PC3 为输入。其程序为

```
        MOV     R0,#0F3H
        MOV     A,#83H
        MOVX    @R0,A
```

143

2）C 口置/复位控制字

C 口置/复位控制字的格式和定义如图 4.12（b）所示。C 口具有位操作功能，把一个置/复位控制字送入 8255 的控制寄存器，就能将 C 口的某一位置 1 或清 0 而不影响其他位的状态。

例 4.6 仍设 8255 控制字寄存器地址为 F3H，下述程序可以将 PC1 置 1，PC3 清 0。

```
MOV    R0,#0F3H
MOV    A,#03H
MOVX   @R0,A
MOV    A,#06H
MOVX   @R0,A
```

3）8255A 的工作方式

8255A 有 3 种工作方式：方式 0、方式 1、方式 2。方式的选择是通过上述写控制字的方法来完成的。

（1）方式 0（基本输入/输出方式）：A 口、B 口及 C 口高 4 位、低 4 位都可以设置输入或输出，不需要选通信号。单片机可以对 8255 进行 I/O 数据的无条件传送，外设的 I/O 数据在 8255 的各端口能得到锁存和缓冲。

（2）方式 1（选通输入/输出方式）：A 口和 B 口都可以独立的设置为方式 1，在这种方式下，8255 的 A 口和 B 口通常用于传送和它们相连外设的 I/O 数据，C 口作为 A 口和 B 口的握手联络线，以实现中断方式传送 I/O 数据。C 口作为联络线的各位分配是在设计 8255 时规定的，分配表如表 4.3 所示。

表 4.3　8255A 口作为联络线的各位分配表

C 口各位	方式 1		方式 2
	输入方式	输出方式	双向方式
PC0	INTRB	INTRB	由 B 口方式决定
PC1	IBFB	OBFB	由 B 口方式决定
PC2	SETB		由 B 口方式决定
PC3	INTRA	INTRB	INTRA
PC4	ACKA	I/O	STBA
PC5	IBFA	I/O	IBF
PC6	I/O	ACKA	ACKA
PC7	I/O	STBA	OBFA

4）8255 与 MCS—51 的接口

8255A 和单片机的接口十分简单，只需要一个 8 位的地址锁存器即可。锁存器用来锁存 P0 口输出的低 8 位地址信息，图 4.13 为 8255 扩展实例。

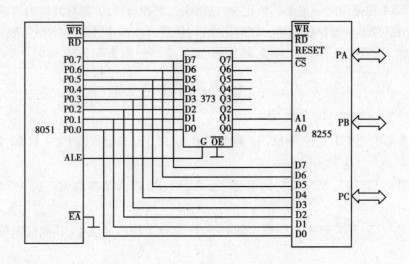

图 4.13　8051 和 8255A 的接口电路

（1）连线说明

数据线：8255A 的 8 根数据线 D0～D7 直接和 P0 口一一对应相连就可以了。

控制线：8255A 的复位线 RESET 与 8031 的复位端相连，都接到 8031 的复位电路上（在图 4.13 中未画出）。8255 的$\overline{RD}$和$\overline{WR}$与 8031 的$\overline{RD}$和$\overline{WR}$一一对应相连。

寻址线：8255A 的$\overline{CS}$和 A1、A0 分别由 P0.7 和 P0.1、P0.0 经地址锁存器 74LS373 后提供，当然$\overline{CS}$的接法不是唯一的。当系统同时要扩展外部 RAM 时，就要和 RAM 芯片的片选端一起由地址译码电路来获得，以免发生地址冲突。

I/O 口线：可以根据用户需要连接外部设备。图 4.13 中，A 口作输出，接 8 个发光二极管 LED；B 口作输入，接 8 个按键开关；C 口未用。

（2）地址的确定

根据上述接法，8255A 的 A、B、C 以及控制口的地址分别为 0000II、0001H、0002H 和 0003H（假设无关位都取 0）。

5）编程应用

例 4.7　如果在 8255 的 B 口接有 8 个按键，A 口接有 8 个发光二极管，即类似于图 4.10 中按键和二极管的连接，则下面的程序能够完成按下某一按键，相应的发光二极管发光的功能。

```
         MOV    DPTR,#0003H      ;指向 8255 的控制口
         MOV    A,#83H
         MOVX   @DPTR, A         ;向控制口写控制字，A 口输出，B 口输入
         MOV    DPTR,#0001H      ;指向 8255 的 B 口
LOOP:    MOVX   A, @DPTR         ;检测按键，将按键状态读入 A 累加器
         MOV    DPTR,#0000H      ;指向 8255 的 A 口
         MOVX   @DPTR, A         ;驱动 LED 发光
         SJMP   LOOP
```

总结:8255A 在使用时一定要初始化,将控制字送到控制口,方能对其输出口进行应用,访问各端口与访问片外数据存储器是一样的指令,在扩展时应注意做好硬件的分布。

任务巩固

1. 用线选法扩充 TTL 电路 74LS244 两片作输入口,片选端分别接 P2.4 和 P2.2,写出对应的接口地址。

2. 参考图 4.13,编写 8255A 初始化程序。PA 口、PB 口为基本输入方式,PC 口为基本输出方式。

3. 参考图 4.13,要求 PC4、PC3 输出低电平,PC2、PC1 输出高电平,其他位保持不变,编写输出程序。

4. 参考图 4.10,编程实现相邻的两个发光二极管以 0.5 s 为周期交替闪烁。

实训　并行 I/O 口 8255 扩展

1. 实训目的

了解 8255 芯片的结构及编程方法,学习模拟交通灯的控制。

2. 实训器材

8255A 的实训开发线路板一套。

3. 实训内容

用 8255A 做输出口,控制十二个发光二极管亮灭,模拟交通灯管理。

因为本实训是交通灯的控制实验,所以要先了解实际交通灯的变化情况和规律。假设一个十字路口为东西南北走向。初始状态 0 为东西红灯,南北红灯。然后转状态 1 东西绿灯通车,南北红灯。过一段时间转状态 2,东西绿灯灭,黄灯闪烁几次,南北仍然红灯。再转状态 3,南北绿灯通车,东西红灯。过一段时间转状态 4,南北绿灯灭,闪几次黄灯,延时几秒,东西仍然红灯。最后循环至状态 1。

4. 实训步骤

①8255 PC0 ~ PC7、PB0 ~ PB3 依次接发光二极管 L1 ~ L12。

②以连续方式从 0630H 开始执行程序,初始态为四个路口的红灯全亮之后,东西路口的绿灯亮南北路口的红灯亮,东西路口方向通车。延时一段时间后东西路口的绿灯熄灭,黄灯开始闪烁。闪烁若干次后,东西路口红灯亮,而同时南北路口的绿灯亮,南北路口方向开始通车,延时一段时间后,南北路口的绿灯熄灭,黄灯开始闪烁。闪烁若干次后,再切换到东西路口方向,之后重复以上过程。

按图 4.14 接线后,学生自己编写程序,将其下载到单片机系统,观看其运行效果,总结实训。

ORG　　　　0630H

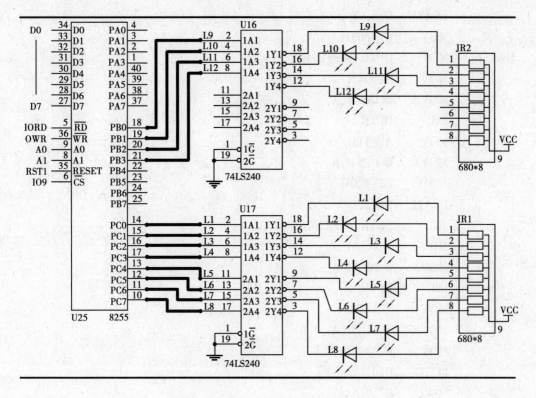

图4.14 实训原理图

```
HA4S:    MOV     SP,#60H
         MOV     DPTR,#0FF2BH
         MOV     A,#80H
         MOVX    @DPTR,A
         MOV     DPTR,#0FF29H
         MOV     A,#49H
         MOVX    @DPTR,A
         INC     DPTR
         MOV     A,#49H
         MOVX    @DPTR,A
         MOV     R2,#25H
         LCALL   DELAY
HA4S3：   MOV     DPTR,#0FF29H
         MOV     A,#08H
         MOVX    @DPTR,A
         INC     DPTR
         MOV     A,#61H
         MOVX    @DPTR,A
         MOV     R2,#55H
```

```
            LCALL   DELAY
            MOV     R7,#05H
HA4S1:      MOV     DPTR,#0FF29H
            MOV     A,#04H
            MOVX    @DPTR,A
            INC     DPTR
            MOV     A,#51H
            MOVX    @DPTR,A
            MOV     R2,#20H
            LCALL   DELAY
            MOV     DPTR,#0FF29H
            MOV     A,#00H
            MOVX    @DPTR,A
            INC     DPTR
            MOV     A,#41H
            MOVX    @DPTR,A
            MOV     R2,#20H
            LCALL   DELAY
            DJNZ    R7,HA4S1
            MOV     DPTR,#0FF29H
            MOV     A,#03H
            MOVX    @DPTR,A
            INC     DPTR
            MOV     A,#0cH
            MOVX    @DPTR,A
            MOV     R2,#55H
            LCALL   DELAY
            MOV     R7,#05H
HA4S2:      MOV     DPTR,#0FF29H
            MOV     A,#02H
            MOVX    @DPTR,A
            INC     DPTR
            MOV     A,#8aH
            MOVX    @DPTR,A
            MOV     R2,#20H
            LCALL   DELAY
            MOV     DPTR,#0FF29H
            MOV     A,#02H
            MOVX    @DPTR,A
```

```
            INC     DPTR
            MOV     A,#08H
            MOVX    @DPTR,A
            MOV     R2,#20H
            LCALL   DELAY
            DJNZ    R7,HA4S2
            LJMP    HA4S3
DELAY:      PUSH    02H
DELAY1:     PUSH    02H
DELAY2:     PUSH    02H
DELAY3:     DJNZ    R2,DELAY3
            POP     02H
            DJNZ    R2,DELAY2
            POP     02H
            DJNZ    R2,DELAY1
            POP     02H
            DJNZ    R2,DELAY
            RET
            END
```

学习情境 **5**

单片机的接口电路

任务一 MCS—51 单片机的键盘接口

> 知识点及目标:外设是多种多样的,单片机与外设的连接总是通过不同的接口方式完成,不同的外设就要用不同的接口电路。我们要掌握常用的外设与单片机的接口方法,包括硬件连线及寻址、访问方式。

任务描述

单片机应用系统里会用到不同的键盘,我们要学会处理按键的扫描方法和消抖处理。

任务分析

本学习重点是要理解接口电路的硬件处理与扫描处理。

相关知识

一、I/O 接口的概述

MCS—51 单片机的内部集成了并行接口、串行接口、定时/计数接口电路,单片机通过接口与其他电路设备相连接,当这些接口电路的数量或功能不能满足要求时,需要扩展 I/O 口,常用扩展接口有可编程接口、显示/键盘接口、功率接口、模/数转换接口、串行接口等。由于可编程接口已在上个情境中讲到,故在本情境中只是简单介绍显示/键盘接口、功率接口、数模接口电路。更深入的应用要通过接触各种各样的单片机产品才能有所收获,在这里只作为学生

150

或工作者的入门指导。

1. I/O 口的作用

I/O 口是 CPU 和外部设备间进行信息交换的桥梁。其主要作用是：

- 实现总线与不同外设之间的速度匹配。
- 改变数据格式。
- 改变信号的电平形式、驱动能力。

2. I/O 口的编址与寻址

在 MCS—51 单片机系统里,由于没有专门访问 I/O 设备的专用指令,I 采用 I/O 口地址与数据存储器统一编址的方法。用访问片外数据存储器的指令去访问各个端口。

二、单片机与键盘接口

1. 键盘工作原理

1）按键的分类

按键按照结构原理可分为两类,一类是触点式开关按键,如机械式开关、导电橡胶式开关等;另一类是无触点式开关按键,如电气式按键,磁感应按键等。前者造价低,后者寿命长。目前,微机系统中最常见的是触点式开关按键。

按键按照接口原理可分为编码键盘与非编码键盘两类,这两类键盘的主要区别是识别键符及给出相应键码的方法。编码键盘主要是用硬件来实现对键的识别,非编码键盘主要是由软件来实现键盘的定义与识别。

全编码键盘能够由硬件逻辑自动提供与键对应的编码,此外,一般还具有去抖动和多键、窜键保护电路。这种键盘使用方便,但需要较多的硬件,价格较贵,一般的单片机应用系统较少采用。非编码键盘只简单地提供行和列的矩阵,其他工作均由软件完成。由于其经济实用,较多地应用于单片机系统中。下面将重点介绍非编码键盘接口。

2）键输入原理

在单片机应用系统中,除了复位按键有专门的复位电路及专一的复位功能外,其他按键都是以开关状态来设置控制功能或输入数据的。当所设置的功能键或数字键按下时,计算机应用系统应完成该按键所设定的功能,键信息输入是与软件结构密切相关的过程。

对于一组键或一个键盘,总有一个接口电路与 CPU 相连。CPU 可以采用查询或中断方式了解有无键输入,并检查是哪一个键按下,将该键号送入累加器 ACC,然后通过跳转指令转入执行该键的功能程序,执行完后再返回主程序。

3）按键结构与特点

微机键盘通常使用机械触点式按键开关,其主要功能是把机械上的通断转换成为电气上的逻辑关系。也就是说,它能提供标准的 TTL 逻辑电平,以便与通用数字系统的逻辑电平相容。

机械式按键再按下或释放时,由于机械弹性作用的影响,通常伴随有一定时间的触点机械抖动,然后其触点才稳定下来。其抖动过程如图 5.1 所示,抖动时间的长短与开关的机械特性有关,一般为 5~10 ms。

在触点抖动期间检测按键的通断状态,可能导致判断出错,即按键一次按下或释放被错误地认为是多次操作,这种情况是不允许出现的。为了克服按键触点机械抖动所致的检测误判,必须采取去抖动措施。这一点可从硬件、软件两方面予以考虑。在键数较少时,可采用硬件去抖,而当键数较多时,采用软件去抖。

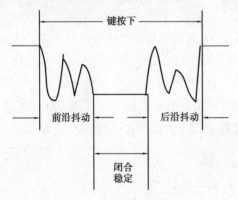

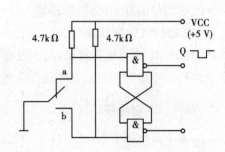

图5.1 按键触点的机械抖动

图5.2 双稳态去抖电路

在硬件上可采用在键输出端加 R-S 触发器(双稳态触发器)或单稳态触发器构成去抖动电路。图 5.2 是一种由 R-S 触发器构成的去抖动电路,触发器一旦翻转,触点抖动不会对其产生任何影响。

电路工作过程如下:按键未按下时,$a=0$,$b=1$,输出 $Q=1$。按键按下时,因按键的机械弹性作用的影响,使按键产生抖动。当开关没有稳定到达 b 端时,因与非门 2 输出为 0 反馈到与非门 1 的输入端,封锁了与非门 1,双稳态电路的状态不会改变,输出保持为 1,输出 Q 不会产生抖动的波形。当开关稳定到达 b 端时,因 $a=1$,$b=0$,使 $Q=0$,双稳态电路状态发生翻转。当释放按键时,在开关未稳定到达 a 端时,因 $Q=0$,封锁了与非门 2,双稳态电路的状态不变,输出 Q 保持不变,消除了后沿的抖动波形。当开关稳定到达 a 端时,因 $a=0$,$b=0$,使 $Q=1$,双稳态电路状态发生翻转,输出 Q 重新返回原状态。由此可见,键盘输出经双稳态电路之后,输出已变为规范的矩形方波。

软件上采取的措施是:在检测到有按键按下时,执行一个 10 ms 左右(具体时间应视所使用的按键进行调整)的延时程序后,再确认该键电平是否仍保持闭合状态电平,若仍保持闭合状态电平,则确认该键处于闭合状态。同理,在检测到该键释放后,也应采用相同的步骤进行确认,从而可消除抖动的影响。

4)按键编码

一组按键或键盘都要通过 I/O 口线查询按键的开关状态。根据键盘结构的不同,采用不同的编码。无论有无编码,以及采用什么编码,最后都要转换成为与累加器中数值相对应的键值,以实现按键功能程序的跳转。

5)编制键盘程序

一个完善的键盘控制程序应具备以下功能:

(1)检测有无按键按下,并采取硬件或软件措施,消除键盘按键机械触点抖动的影响。

(2)有可靠的逻辑处理办法。每次只处理一个按键,其间对任何按键的操作对系统不产生影响,且无论一次按键时间有多长,系统仅执行一次按键功能程序。

（3）准确输出按键值（或键号），以满足跳转指令要求。

2. 独立式按键

单片机控制系统中，往往只需要几个功能键，此时，可采用独立式按键结构。

1）独立式按键硬件结构

独立式按键是直接用 I/O 口线构成的单个按键电路，其特点是每个按键单独占用一根I/O 口线，每个按键的工作不会影响其他 I/O 口线的状态。独立式按键的典型应用如图 5.3 所示。

独立式按键电路配置灵活，软件结构简单，但每个按键必须占用一根 I/O 口线，因此，在按键较多时，I/O 口线浪费较大，不宜采用。

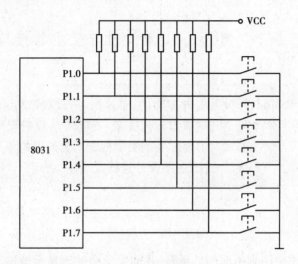

图 5.3　独立式按键电路

2）独立式按键的软件结构

独立式按键的软件常采用查询式结构。先逐位查询每根 I/O 口线的输入状态，如某一根 I/O 口线输入为低电平，则可确认该 I/O 口线所对应的按键已按下，然后，再转向该键的功能处理程序。图 5.3 中的 I/O 口采用 P1 口，请读者自行编制相应的软件。

3. 矩阵式按键

单片机系统中，若使用按键较多时，通常采用矩阵式（也称行列式）键盘。矩阵式键盘由行线和列线组成，按键位于行、列线的交叉点上，其结构如图 5.4 所示。

由图可知，一个 4×4 的行、列结构可以构成一个含有 16 个按键的键盘，显然，在按键数量较多时，矩阵式键盘较之独立式按键键盘要节省很多 I/O 口。

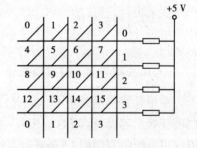

图 5.4　矩阵式键盘结构

矩阵式键盘中，行、列线分别连接到按键开关的两端，行线通过上拉电阻接到 +5 V 上。当无键按下时，行线处于高电平状态；当有键按下时，行、列线将导通，此时，行线电平将由与此行线相连的列线电平决定。这是识别按键是否按下的关键。然而，矩阵键盘中的行线、列线和多个键相连，各按键按下与否均影响该键所在行线和列线的电平，各按键间将相互影响，因此，必须将行线、列线信号配合起来做适当处理，才能确定

153

闭合键的位置。

在煤矿安全监测系统中不会用矩阵式键盘,故本内容只做了解。

<h2 style="text-align:center">任务巩固</h2>

1.机械按键为什么要进行消抖处理？常用什么方法进行消抖？

2.独立式按键为什么只适合于按键较少的场合？

<h2 style="text-align:center">任务二　MCS—51 单片机与显示器接口</h2>

> 知识点及目标:外设是多种多样的,单片机与外设的连接总是通过不同的接口方式完成,不同的外设就要用不同的接口电路。我们要掌握常用的外设与单片机的接口方法,包括硬件连线及寻址、访问方式。

任务描述

单片机应用系统里会用到不同的显示器,我们要学会处理显示电路与单片机的硬件连线与显示程序的编写。

任务分析

本学习重点是要理解显示电路与单片机接口及显示程序的编写。

相关知识

一、单片机与显示器接口概述

在单片机应用系统中,显示是系统必不可少的组成部分。单片机常用的显示器件有发光二极管显示器,简称 LED 显示器;液晶显示器,简称 LCD 显示器以及 CRT 等。本任务主要介绍应用系统中常用的 LED 显示器件与单片机的接口方法,也会简要介绍 LCD 显示器与单片机的接口方法。

二、LED 显示和接口

常用的 LED 显示器有 LED 状态显示器(俗称发光二极管)、LED 七段显示器(俗称数码管)和 LED 十六段显示器。发光二极管可显示两种状态,用于系统状态显示;数码管用于数字显示;LED 十六段显示器用于字符显示。本节重点介绍 LED 七段显示器。

例 5.1　用定时/计数器模拟生产线产品计件,以按键模拟产品检测,按一次键相当于产品计数一次。检测到的产品数送至 P1 口显示,采用单只数码管显示,计满 16 次后从头开始,依次循环。系统采用 12 MHz 晶振。

解　根据题意可设计出硬件电路,如图 5.5 所示。

其源程序可设计如下:

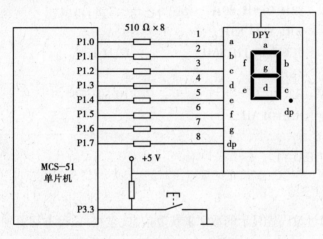

图 5.5　模拟生产线产品计件数码管显示电路

```
            ORG   1000H
            MOV   TMOD,#60H              ;定时器 1 工作在方式 2
            MOV   TH1,#0F0H              ;定时器 1 置初值
            MOV   TL1,#0F0H
            SETB  TR1                    ;启动定时器 1
MAIN:       MOV   A,#00H                 ;计数显示初始化
            MOV   P1,#0C0H               ;数码管显示 0
DISP:       JB    P3.3,DISP             ;监测按键信号
            ACALL  DELAY                 ;消抖延时
            JB    P3.3,DISP             ;确认低电平信号
DISP1:      JNB   P3.3,DISP1            ;监测按键信号
            ACALL  DELAY                 ;消抖延时
            NB    P3.3,DISP1            ;确认高电平信号
            CLR   P3.5                   ;T0 引脚产生负跳变
            NOP
            NOP
SETB:       P3.5                         ;T0 引脚恢复高电平
            INCA                         ;累加器加 1
            MOV   R1,A                   ;保存累加器计数值
            ADD   A,#08H                 ;变址调整
            MOVC A,@ A + PC              ;查表获取数码管显示值
```

155

```
                MOV    P1,A              ;数码管显示查表值
                MOV    A,R1              ;恢复累加器计数值
                JBC    TF1,MAIN          ;查询定时器 1 计数溢出
                SJM    P DISP            ;16 次不到继续计数
        TAB:    DB     0C0H,0F9H,0A4H    ;0,1,2
                DB     0B0H,99H,92H      ;3,4,5
                DB     82H,0F8H,80H      ;6,7,8
                DB     90H,88H,83H,      ;9,A,B
                DB     0C6H,0A1H,86H     ;C,D,E
                DB     8EH               ;F
        DEALY:  MOV    R2,#14H           ;10 ms 延时
        DELAY1: MOV    R3,#0FAH
        DJNZ           R3,$
        DJNZ           R2,DEALY1
                RET
                END
```

例 5.1 是直接通过数码管显示的数字来获取信息,显然,这种方法更加直观、快捷。从获取信息的角度来看,由例 5.1 可具体剖析数码管的结构,分析其工作原理。

1. 数码管简介

1)数码管结构

数码管由 8 个发光二极管(以下简称字段)构成,通过不同的组合可用来显示数字 0 ~ 9 字符 A ~ F、H、L、P、R、U、Y、符号“ – ”及小数点“.”。数码管的外形结构如图 5.6(a)所示。数码管又分为共阴极和共阳极两种结构,分别如图 5.6(b)和图 5.6(c)所示。

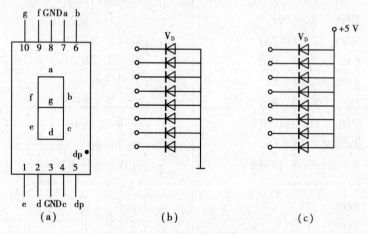

图 5.6　数码管结构图
(a)外型结构;(b)共阴极;(c)共阳极

2)数码管工作原理

共阳极数码管的 8 个发光二极管的阳极(二极管正端)连接在一起。通常,公共阳极接高电平(一般接电源),其他管脚接段驱动电路输出端。当某段驱动电路的输出端为低电平时,

156

则该端所连接的字段导通并点亮。根据发光字段的不同组合可显示出各种数字或字符。此时,要求段驱动电路能吸收额定的段导通电流,还需根据外接电源及额定段导通电流来确定相应的限流电阻。

共阴极数码管的8个发光二极管的阴极(二极管负端)连接在一起。通常,公共阴极接低电平(一般接地),其他管脚应连接段驱动电路输出端。当某段驱动电路的输出端为高电平时,则该端所连接的字段导通并点亮,根据发光字段的不同组合可显示出各种数字或字符。此时,要求段驱动电路能提供额定的各段导通电流,还需根据外接电源及额定段导通电流来确定相应的限流电阻。

例5.1 采用共阳极数码管与单片机 P1 口直接连接,其电路连接如图5.5所示。数码管共阳极接 +5 V 电源,其他管脚分别接 P1 口的 8 个端口,限流电阻为 510 Ω,数码管字段的导通电流约为 6 mA(额定字段导通电流一般为 5～20 mA)。

3)数码管字形编码

要使数码管能显示出相应的数字或字符,必须使段的数据口输出相应的字形编码。对照图5.6(a),字形码各位定义为:数据线 D0 与 a 字段对应,D1 与 b 字段对应……,以此类推。如使用共阳极数码管,数据为 0 表示对应字段亮,数据为 1 表示对应字段暗;如使用共阴极数码管,数据为 0 表示对应字段暗,数据为 1 表示对应字段亮。如要显示"0",共阳极数码管的字形编码应为:11000000B(即 C0H);共阴极数码管的字形编码应为:00111111B(即 3FH)。以此类推,可求得数码管字形编码如表5.1所示。

表5.1 数码管字形编码表

显示字符	字形	共阳极									共阴极								
		dp	g	f	e	d	c	b	a	字形码	dp	g	f	e	d	c	b	a	字形码
0	0	1	1	0	0	0	0	0	0	C0H	0	0	1	1	1	1	1	1	3FH
1	1	1	1	1	1	1	0	0	1	F9H	0	0	0	0	0	1	1	0	06H
2	2	1	0	1	0	0	1	0	0	A4H	0	1	0	1	1	0	1	1	5BH
3	3	1	0	1	1	0	0	0	0	B0H	0	1	0	0	1	1	1	1	4FH
4	4	1	0	0	1	1	0	0	1	99H	0	1	1	0	0	1	1	0	66H
5	5	1	0	0	1	0	0	1	0	92H	0	1	1	0	1	1	0	1	6DH
6	6	1	0	0	0	0	0	1	0	82H	0	1	1	1	1	1	0	1	7DH
7	7	1	1	1	1	1	0	0	0	F8H	0	0	0	0	0	1	1	1	07H
8	8	1	0	0	0	0	0	0	0	80H	0	1	1	1	1	1	1	1	7FH
9	9	1	0	0	1	0	0	0	0	90H	0	1	1	0	1	1	1	1	6FH
A	A	1	0	0	0	1	0	0	0	88H	0	1	1	1	0	1	1	1	77H
B	B	1	0	0	0	0	0	1	1	83H	0	1	1	1	1	1	0	0	7CH
C	C	1	1	0	0	0	1	1	0	C6H	0	0	1	1	1	0	0	1	39H
D	D	1	0	1	0	0	0	0	1	A1H	0	1	0	1	1	1	1	0	5EH
E	E	1	0	0	0	0	1	1	0	86H	0	1	1	1	1	0	0	1	79H
F	F	1	0	0	0	1	1	1	0	8EH	0	1	1	1	0	0	0	1	71H
-	-	1	0	1	1	1	1	1	1	BFH	0	1	0	0	0	0	0	0	40H
.	.	0	1	1	1	1	1	1	1	7FH	1	0	0	0	0	0	0	0	80H
熄灭	灭	1	1	1	1	1	1	1	1	FFH	0	0	0	0	0	0	0	0	00H

例5.1采用共阳极数码管,因此,应采用表5.1中的共阳极字形码。具体实施是通过编程将需要显示的字形码存放在程序存储器的固定区域中,构成显示字形码表。当要显示某字符时,通过查表指令获取该字符所对应的字形码。

LED 七段数码管有静态显示和动态显示两种方式,下面分别加以叙述。

2.数码管静态显示接口

1)静态显示概念

静态显示是指数码管显示某一字符时,相应的发光二极管恒定导通或恒定截止。

这种显示方式的各位数码管相互独立,公共端恒定接地(共阴极)或接正电源(共阳极)。每个数码管的8个字段分别与一个8位I/O口地址相连,I/O口只要有段码输出,相应字符即显示出来,并保持不变,直到I/O口输出新的段码。采用静态显示方式,较小的电流即可获得较高的亮度,且占用CPU时间少,编程简单,显示便于监测和控制,但其占用的口线多,硬件电路复杂,成本高,只适合于显示位数较少的场合。

2)多位静态显示接口应用

例5.1是数码管静态显示方式的一种典型应用,其硬件及软件都非常简单,但只能显示一位,如要用P1口显示多位,则每位数码管都应有各自的锁存、译码与驱动器,还需有相应的位选通电路。由位选通电路来输出位码。

若要将例5.1中的单位数码管显示改为6位显示,具体要求如下:

(1)右边第一位进行正常计数,显示当前计数状态,其功能与例5.1完全一样。

(2)左边5位分别显示前5次计数状态,当连续计数时,会产生计数数据从左至右移动的感觉。

整体设计思路如下:

P1口控制段码输出,由P3口来控制位码输出,每个数码管接一个锁存器。锁存器除用来锁存待显示的段码外,还兼作显示驱动器直接驱动共阳极数码管。在单片机内部RAM设置好待显示数据缓冲区,由查表程序完成显示译码(俗称软件译码),将缓冲区内待显示数据转换成相应的段码,再将段码送P1口显示。

硬件电路设计:

P1口的段码输出直接接至锁存器的输入端,锁存器采用74LS373(或74LS273、74LS374)。锁存器的输出接至数码管的各段,同时还经300 Ω 上拉(或限流)电阻接至电源。位选通电路由P3口的P3.0(RXD)、P3.1(TXD)和P3.2(INT0)与3-8译码器74LS138连接组成。74LS138输出的位码经倒相器74LS04后接至74LS373的使能端LE(或74LS273、74LS374的时钟端),以此来控制相应显示位段码数据的刷新。模拟生产线计数的按键信号接至P3.3(INT1)口,该硬件电路较为复杂,较少采用,故在此不再赘述。那么有没有简单一点的电路呢? 有! 那就是动态显示方法。

3.数码动态显示接口

1)动态显示概念

动态显示是一位一位地轮流点亮各位数码管,这种逐位点亮显示器的方式称为位扫描。通常,各位数码管的段选线应并联在一起,由一个8位的I/O口控制;各位的位选线(公共阴极或阳极)由另外的 I/O 口线控制。动态方式显示时,各数码管分时轮流选通,要使其稳定显示,必须采用扫描方式,即在某一时刻只选通一位数码管,并送出相应的段码,在另一时刻选通另一位数码管,并送出相应的段码。依此规律循环,即可使各位数码管显示将要显示的字符。虽然这些字符是在不同的时刻分别显示,但由于人眼存在视觉暂留效应,只要每位显示间隔足够短就可以给人以同时显示的感觉。

采用动态显示方式比较节省 I/O 口,硬件电路也较静态显示方式简单,但其亮度不如静态显示方式,而且在显示位数较多时,CPU 要依次扫描,占用 CPU 较多的时间。

2)多位动态显示接口

如图 5.7 中,数码管采用共阴极 LED,8255A 的 B 口线经过 8 路驱动电路后接至数码管的各段。当 B 口线输出"1"时,驱动数码管发光。8255 的 A 口线经过 6 路驱动电路后接至数码管的公共端。当 A 口线输出"0"时,选通相应位的数码管发光。A 口、B 口应定义为基本输出,分别控制数码管的位码(公共端)和段码(段驱动端),C 口未用,可定义为基本输出。其程序流程图如图 5.8 所示。

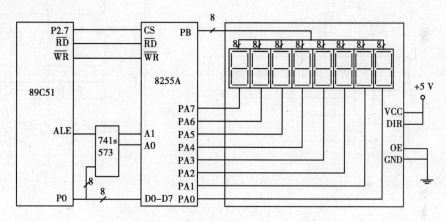

图 5.7 多位数码动态显示接口电路

编定动态显示的显示程序如下:(要求显示片内 RAM30H ~ 37H 单元的数字)

```
        ORG 0100H
START：  MOV   R1,#30H
        MOV   R2,#01H
        MOV   R3,#08H
MAIN：   MOV   A,#80H        ;8255 控制字送至 A,设置 A/B/C 口均为方式 0 输出
        MOV   DPTR,#7FFFH    ;数据总线→8255 控制寄存器地址
        MOVX  @DPTR,A
LOOP：   MOV   A,R1
        MOV   DPTR,#TAB
        MOVC  A,@A + DPTR
        MOV   DPTR,#7FFDH    ;数据总线→B 口
        MOVX  @DPTR,A        ;送段显码
```

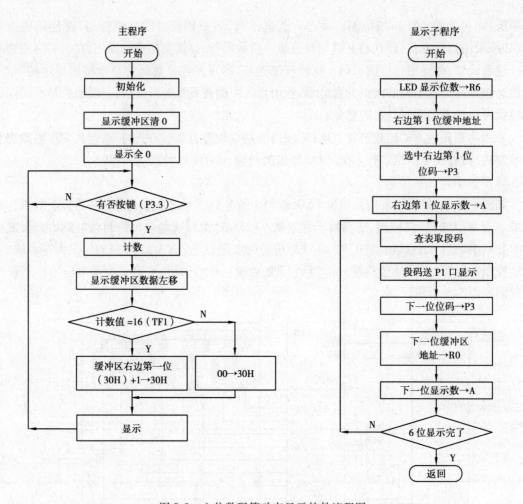

图5.8 六位数码管动态显示软件流程图

```
        MOV    A,R2
        MOV    DPTR,#7FFCH      ;数据总线指向 A 口
        MOVX   @DPTR,A
        ACALL  DL10MS
        INC    R1
        MOV    A,R2
        RL     A
        MOV    R2,A
        DJNZ   R3,LOOP
        JMP    START
DL10MS: MOV    R7,#02
        MOV    R6,#250
DLLP:   NOP
        NOP
```

```
        DJNZ    R6,DLLP
        DJNZ    R7,DLLP
        RET
TAB：   DB 03H,09FH,25H,0DH,099H,49H,41H,01FH,01H,09H,0BFH
        END
```

以单片机内部 RAM 的 30H~37H 单元作为显示数据缓冲区,8 位数码管段码的获取及每位数码管的显示时间均由显示子程序完成。软件延时方式实现动态扫描,每位数码管点亮的时间为 2 ms。

比较静态显示与动态显示可知,二者功能完全一样。前者数码管较亮,且显示程序占用 CPU 的时间较少,但其硬件电路复杂,占用单片机口线多,成本高;后者硬件电路相对简单,成本较低,但其数码管显示亮度偏低,且采用动态扫描方式,显示程序占用 CPU 的时间较多。具体应用时,应根据实际情况,选用合适的显示方式。

三、8051 与笔段型 LCD 的接口

用单片机的并行接口与笔段型 LCD 直接相连,再通过软件编程驱动笔段型 LCD 显示,是实现静态液晶显示器件驱动的常用方法之一,尤其适合于位数较少的笔段型 LCD。图 5.9 给出了 8751 与位笔段型 LCD 的接口电路,图中,通过 8751(8051 或 8951)的并行接口 P1、P2、P3 来实现静态液晶显示。

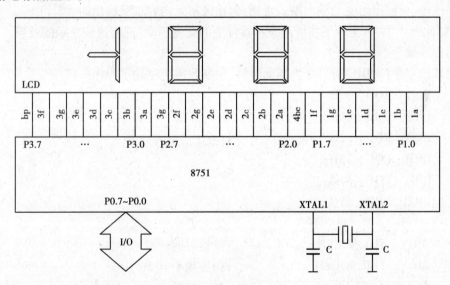

图 5.9 笔段型接口电路

软件编写启动程序的基本要求是:

(1)显示位的状态与背电极 bp 不在同一状态上,即当 bp 为 1 状态时,显示位数据为 0 状态;当 bp 为 0 状态时,显示位数据为 1 状态。

(2)不显示位的状态与 bp 状态相同。

(3)定时间隔地将驱动信号取反,以实现交流驱动波形的变化。

在编程时,首先要建立显示缓冲区和显示驱动区。比如把 DIS1,DIS2,DIS3 单元设置为显示缓冲区,同时建立驱动区 DRI1,DRI2,DRI3 单元用来实现驱动波形的变化和输出。P1,P2,P3 为驱动的输出端。各区与驱动输出的对应关系如表 5.2 所示。

表 5.2　各区与驱动输出的对应关系

显示单元	驱动单元	驱动输出	位-段对应关系							
			D7	D6	D5	D4	D3	D2	D1	D0
DIS1	DRI1	P1	4bc	1f	1g	1e	1d	1c	1b	1a
DIS2	DRI2	P2	4gdp	2f	g	2e	2d	2c	2b	2a
DIS3	DRI3	P3		3f	g	3e	3d	3c	3b	3a

在编程时还要先建立显示字形数据库。现设定显示状态为"1",不显示状态为"0",可得 0～9 的字形数据为:5FH,06H,3BH,2FH,66H,6DH,7DH,07H,7FH,6FH。

编程的基本思路是:

(1)使用定时器产生交流驱动波形。在显示驱动区内将数据求反,然后送入驱动输出。

(2)在显示缓冲区内修改显示数据,然后将 bp 位置"0",用以表示有新数据输入。

(3)在显示驱动程序中先判断驱动区 bp 位是否为"1"。若是"1",再判断显示区 bp 位是否为"0"。若为"0",表示显示区的数据为新修改的数据,则将显示缓冲区内的显示数据写入显示驱动区内,再输出给驱动输出端。否则,驱动区单元内容求反输出。

(4)如此循环下去,实现了在液晶显示器件上的交流驱动,进而达到显示的效果。

驱动程序如下。

驱动基础程序:采用定时器 0 为驱动时钟,中断程序为驱动子程序

```
        DIS1  EQU   30H
        DIS2  EQU   31H
        DIS3  EQU   32H
        DRI1  EQU   33H
        DRI2  EQU   34H
        DRI3  EQU   35H
        ORG         000BH         ;定时器 0 中断入口
LCD:    MOV   TL0,#0EFH           ;设置时间常数
        MOV   TH0,#0D8H           ;扫描频率 = 50 Hz
        PUSH  ACC                 ;A 入"栈"
        MOV   A,DRI3              ;取驱动单元 DRI3
        JNB   ACC.7,LCD1          ;判 bp = 1 否,否则转
        MOV   A,DIS3              ;取小时单元 DIS3
        JB    ACC.7,LCD1          ;判 bp = 0 否,否则转
        MOV   DIR3,A              ;显示区→驱动区
        SETB  ACC.7               ;置 bp = 1,表示数据已旧
```

```
        MOV    DIS3,A                    ;写入显示单元
        MOV    DRI2,DIS2
        MOV    DRI1,DIS1
        LJMP   LCD2                      ;转驱动输出
LCD1:   MOV    A,DRI3
        CPL    A                         ;驱动数据取反
        MOV    DRI3,A
        MOV    A,DRI2
        CPL    A
        MOV    DRI2,A
        MOV    A,DRI1
        CPL    A
        MOV    DRI1,A
LCD2:   MOV    P1,DRI1                   ;驱动输出
        MOV    P2,DRI2
        MOV    P3,DRI3
        POP    ACC                       ;A 出"栈"
        SETB   TR0
        RETI
```

驱动程序使用了定时器 0 中断方式,定时器每 20 ms 中断一次,在程序中要判断显示驱动区 bp 位的状态。当 bp=1 时,可以修改显示驱动区内容,这时判断一下显示区 bp 位的状态。当 bp=0 时,表示显示区的数据已被更新,此时需要将显示区的数据传输给驱动区,再输出给驱动输出端。由于原 bp 为"1",所以此时修改驱动区数据正好也是交流驱动的实现。若驱动区 bp=0,或显示区 bp=1(表示数据未被修改),那么仅将驱动区数据取反,再输出给驱动输出端驱动液晶显示器件。

在主程序中,要实现中断方式驱动液晶显示器件,需要一些初始化设置,同样也对显示缓冲区,显示驱动区和驱动输出初始化。

四、8051 与字符型 LCD 的接口

字符型液晶显示模块是一类专用于显示字母,数字,符号等的点阵型液晶显示模块。字符型液晶显示模块是由若干个 5×8 或 5×11 点阵块组成的字符块集。每一个字符块是一个字符位,每一位都可以显示一个字符,字符位之间空有一个点距的间隔,起着字符间距和行距的作用。这类模块使用的是专用于字符显示控制与驱动的 IC 芯片,因此,这类模块的应用范围仅局限于字符而显示不了图形,所以称其为字符型液晶显示模块。

字符型液晶显示驱动控制器广泛应用于字符型液晶显示模块上。目前最常用的字符型液晶显示驱动控制器是 HD44780U,最常用的液晶显示驱动器为 HD44100 及其替代品。

字符型液晶显示模块在世界上是比较通用的,而且接口格式也是比较统一的,其主要原因是各制造商所采用的模块控制器都是 HD44780U 及其兼容品。不管它的显示屏的尺寸如何,它的操作指令及其形成的模块接口信号定义都是兼容的,所以,会使用一种字符型液晶显示模

块,就会通晓所有的字符型液晶显示模块。

HD44780U 由控制部,驱动部和接口部三部分组成。

控制部:是 HD44780U 的核心,它产生 HD44780U 内部的工作时钟,控制着各功能电路的工作。控制部控制全部功能逻辑电路的工作状态,管理字符发生器 CGROM 和 CGRAM,显示存储器 DDRAM。HD44780U 的控制部由时序发生器电路、地址指针计数器 AC、光标闪烁控制电路、字符发生器、显示存储器和复位电路组成。

HD44780U 的驱动部:具有液晶显示驱动能力和扩展驱动能力,由并/串数据转换电路、16路行驱动器和 16 位移位寄存器、40 路列驱动器和 40 位锁存器、40 位移位寄存器和液晶显示驱动信号输出和液晶显示驱动偏压等组成。

HD44780U 的接口部是 HD44780U 与计算机的接口,由 I/O 缓冲器,指令寄存器和译码器,数据寄存器,"忙"标志 BF 触发器等组成。

HD44780U 的指令系统共有 8 条指令,限于篇幅,这里不再列出。

五、字符型液晶显示模块接口电路

HD44780U 可与单片机接口,由单片机输出直接控制 HD44780U 及其时序。HD44780U 与液晶显示器连接方框图如图 5.10 所示。

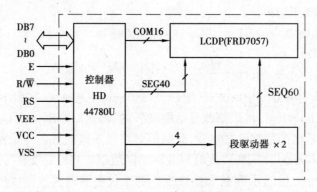

图 5.10 HD44780U 与液晶连接框图

单片机与字符型 LCD 显示模块的连接方法分为直接访问和间接访问两种,数据传输的形式可分为 8 位和 4 位两种。

1)直接访问方式

直接访问方式是把字符型液晶显示模块作为存储器或 I/O 接口设备直接连到单片机总线上,采用 8 位数据传输形式时,数据端 DB0 ~ DB7 直接与单片机的数据线相连,寄存器选择端 RS 信号RD和WR读/写选择端信号利用单片机的地址线控制。使能端 E 信号则由单片机的和信号共同控制,以实现 HD44780U 所需的接口时序。图 5.11 给出了以存储器访问方式对液晶显示驱动的控制电路。

在图 5.11 中,8 位数据总线与 8031 的数据总线直接相连,P0 口产生的地址信号被锁存在 74LS373 内,其输出 Q0、Q1 给出了 RS 和的控制信号。E 信号由和信号逻辑与非后产生,然后与高位地址线组成的"片选"信号选通控制。高 3 位地址线经译码输出打开了 E 信号的控制门,接着或控制信号和 P0 口进行数据传输,实现对字符型 LCD 显示模块的访问。在写操作过程中,HD 44780U 要求 E 信号结束后,数据线上的数据要保持 10 μs 以上的时间,而单片机 8031 的 P0 接口在信号失效后将有 58 μs(以 12 MHz 晶振计算)的数据保持时间,足以满足该项控制时间的要求。

在读操作过程中,HD44780U 在 E 信号为高电平时就将所需数据送到数据线上,E 信号结束后,数据可保持 20 μs,这满足了 8031 对该时序的要求。

单片机对字符型 LCD 显示模块的操作是通过软件实现的。编程时要求单片机每一次访问都要先对标志 BF 进行识别,当 BF 为 0 时,即 HD44780U 允许单片机访问时,再进行下一步操作。

在图 5.11 的电路下产生操作字符型液晶显示模块的各驱动子程序如下:

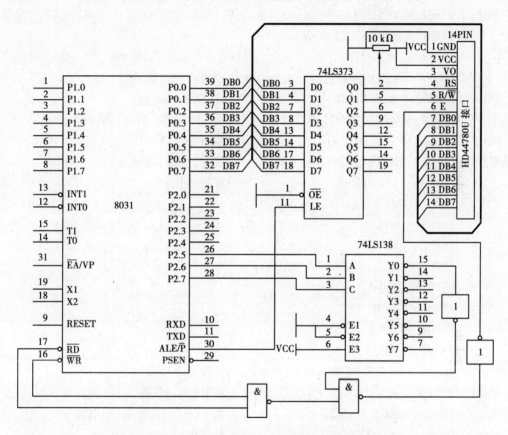

图 5.11　直接访问方式下 8031 与字符型液晶显示模块的接口

```
COM     EQU     20H                      ;指令寄存器
DAT     EQU     21H                      ;数据寄存器
CW_Add  EQU     0F000H                   ;指令口写地址
CR_Add  EQU     0F002H                   ;指令口读地址
DW_Add  EQU     0F001H                   ;数据口写地址
DR_Add  EQU     0F003H                   ;数据口读地址
```

(1)读 BF 和 AC 值子程序:

```
PRO:    PUSH    DPH
        PUSH    DPL
        PUSH    ACC
        MOV     DPTR,#CR_Add             ;设置指令口读地址
```

```
        MOV      X   A,@ DPTR         ;读 BF 和 AC 值
        MOV      COM,A                ;存入 COM 单元
        POP      ACC
        POP      DPL
        POP      DPH
        RET
```

(2)写指令代码子程序：

```
PR1：   PUSH     DPH
        PUSH     DPL
        PUSH     ACC
        MOV      DPTR,#CR_Add         ;设置指令口读地址
PR11：  MOVX     A,@ DPTR             ;读 BF 和 AC 值
        JB       ACC.7,PR11           ;判 BF =0 否,若是,则继续
        MOV      A,COM                ;取指令代码
        MOV      DPTR,#CW_Add         ;设置指令口写地址
        MOVX     @ DPTR,A             ;写指令代码
        POP      ACC
        POP      DPL
        POP      DPH
        RET
```

(3)写显示数据子程序：

```
PR2：   PUSH     DPH
        PUSH     DPL
        PUSH     ACC
        MOV      DPTR,#CR_Add         ;设置指令口读地址
PR21：  MOVX     A,@ DPTR             ;读 BF 和 AC 值
        JB       ACC.7,PR21           ;判 BF =0 否,若是,则继续
        MOV      A,DAT                ;取数据
        MOV      DPTR,# DW,Add        ;设置数据口写地址
        MOVX     @ DPTR,A             ;写数据
        POP      ACC
        POP      DPL
        POP      DPH
        RET
```

(4)读显示数据子程序：

```
PR3：   PUSH     DPH
        PUSH     DPL
        PUSH     ACC
        MOV      DPTR,#CR,Add         ;设置指令口读地址
```

```
PR31：  MOVX    A,@DPTR          ;读 BF 和 AC 值
        JB      ACC.7,PR31       ;判 BF=0 否,若是,则继续
        MOV     DPTR,#DR,Add     ;设置数据口读地址
        MOVX    A,@DPTR          ;读数据
        MOV     DAT,A            ;存入 DAT 单元
        POP     ACC
        POP     DPL
        POP     DPH
        RET
```

(5)初始化子程序：

```
INT：   MOV     A,#30H           ;工作方式设置指令代码
        MOV     DPTR,#CW,Add     ;指令口地址设置
        MOV     R2,#03H          ;循环量=3
INT1：  MOVX    @DPTR,A          ;写指令代码
        LCALL   DELAY            ;调延时子程序
        DJNZ    R2,INT1
        MOV     A,#38H           ;设置工作方式(8 位总线)
        MOV     A,#28H           ;设置工作方式(4 位总线)
        MOVX    @DPTR,A
        MOV     COM,#28H         ;以 4 位总线形式设置
        LCALL   PR1
        MOV     COM,#01H         ;清屏
        LCALL   PR1
        MOV     COM,#06H         ;设置输入方式
        LACAL   LPR1
        MOV     COM,#0FH         ;设置显示方式
        LCALL   PRI
        RET
DELAY：(读者自己编写)            ;延时子程序
        RET
```

以上给出了 8 位数据总线形式的接口电路及驱动软件。4 位数据总线形式应用于 4 位计算机的接口。在 8031 上应用 4 位数据线是将数据总线高 4 位认为是字符型液晶显示模块的数据总线,数据总线的低 4 位无用。这样,不用改变,图 5.11 的电路就可以仿真出 4 位计算机对字符型液晶显示模块的接口。因受篇幅限制,这里不再叙述,请读者查阅有关参考资料。

2)间接访问方式

间接控制方式是计算机把字符型液晶显示模块作为终端与计算机的并行接口连接,计算机通过对该并行接口的操作间接实现对字符型液晶显示模块的控制。

图形液晶显示器可显示汉字及复杂图形,它广泛应用于游戏机、笔记本电脑和彩色电视等设备中。图形液晶显示一般都需与专用液晶显示控制器配套使用,属于内置式 LCD。常用的

图形液晶显示控制器有 SED1520，HD61202，T6963C，HD61830A/B，SED1330/1335/1336/E1330，MSM6255，CL-GD6245 等。各类液晶显示控制器的结构各异，指令系统也不同，但其控制过程基本相同。读者如有兴趣，可参阅有关参考资料。

任务巩固

1. 你所知道的显示器件有哪些？
2. LED 显示与单片机的接口有静态和动态显示，试说说各自的特点。
3. 单片机访问 LCD 显示器有哪些方法？

任务三　MCS—51 单片机的 D/A、A/D 转换电路的接口

> 知识点及目标：外设是多种多样的，单片机与外设的连接总是通过不同的接口方式完成，不同的外设就要用不同的接口电路。我们要掌握常用的 D/A、A/D 转换电路与单片机的接口方法，包括硬件连线及寻址、访问方式。

任务描述

单片机应用系统里会用到用单片机控制外设，但外设通常只能用模拟信号控制，这就需要把数字信号转换成模拟信号，用到 D/A 转换电路，我们要掌握 D/A 转换电路与单片机的硬件连线和访问方法。

任务分析

本学习重点是要理解 D/A 转换电路与单片机的硬件连线与访问方法。

相关知识

一、D/A 转换器接口

1. D/A 转换器概述

D/A 转换器输入的是数字量，经转换后输出的是模拟量。有关 D/A 转换器的技术性能指标很多，例如绝对精度、相对精度、线性度、输出电压范围、温度系数、输入数字代码种类（二进制或 BCD 码）等。

1）分辨率

分辨率是 D/A 转换器对输入量变化敏感程度的描述，与输入数字量的位数有关。如果数字量的位数为 n，则 D/A 转换器的分辨率为 $2-n$。这就意味着数/模转换器能对满刻度的 $2-n$ 输入量做出反应。

例如，8 位数的分辨率为 1/256，10 位数的分辨率为 1/1 024 等。因此，数字量位数越多，分辨率也就越高，亦即转换器对输入量变化的敏感程度也就越高。使用时，应根据分辨率的需要来选定转换器的位数。DAC 常可分为 8 位、10 位、12 位 3 种。

2）建立时间

建立时间是描述 D/A 转换速度快慢的一个参数，指从输入数字量变化到输出达到终值误差 $\pm(1/2)$LSB（最低有效位）时所需的时间。通常以建立时间来表示转换速度。

转换器的输出形式为电流时，建立时间较短；输出形式为电压时，由于建立时间还要加上运算放大器的延迟时间，因此建立时间要长一点。但总的来说，D/A 转换速度远高于 A/D 转换速度，快速的 D/A 转换器的建立时间可达 1 μs。

3）接口形式

D/A 转换器与单片机接口方便与否，主要决定于转换器本身是否带数据锁存器。有两类 D/A 转换器，一类是不带锁存器的，另一类是带锁存器的。对于不带锁存器的 D/A 转换器，为了保存来自单片机的转换数据，接口时要另加锁存器，因此这类转换器必须在口线上；而带锁存器的 D/A 转换器，可以把它看作是一个输出口，因此可直接在数据总线上，而不需另加锁存器。

2. 典型 D/A 转换器芯片 DAC0832

DAC0832 是一个 8 位 D/A 转换器。单电源供电，从 +5 V ～ +15 V 均可正常工作。基准电压的范围为 ±10 V；电流建立时间为 1 μs；CMOS 工艺，低功耗 20 mW。

DAC0832 转换器芯片为 20 引脚，双列直插式封装，其引脚排列图如图 5.12 所示。DAC0832 内部结构框图如图 5.13 所示。该转换器由输入寄存器和 DAC 寄存器构成两级数据输入锁存。使用时，数据输入可以采用两级锁存（双锁存）形式，或单级锁存（一级锁存，一级直通）形式，或直接输入（两级直通）形式。

此外，由 3 个与门电路组成寄存器输出控制逻辑电路，该逻辑电路的功能是进行数据锁存控制，当 = 0 时，输入数据被锁存；当 = 1 时，锁存器的输出跟随输入的数据。

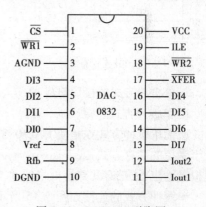

图 5.12　DAC0832 引脚图

D/A 转换电路是一个 R-2R T 型电阻网络，实现 8 位数据的转换。对各引脚信号说明如下：

（1）DI7 ～ DI0：转换数据输入。

（2）$\overline{\text{CS}}$：片选信号（输入），低电平有效。

（3）ILE：数据锁存允许信号（输入），高电平有效。

（4）$\overline{\text{WR}}$：第 1 写信号（输入），低电平有效。

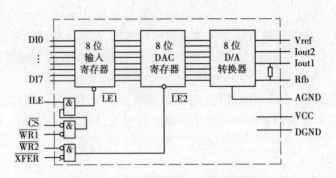

图 5.13　DAC0832 内部结构框图

上述两个信号控制输入寄存器是数据直通方式还是数据锁存方式,当 ILE = 1 和 $\overline{WR1}$ = 0 时,为输入寄存器直通方式;当 ILE = 1 和 $\overline{WR1}$ = 1 时,为输入寄存器锁存方式。

(5)$\overline{WR2}$:第 2 写信号(输入),低电平有效。

(6)$\overline{XFER}$:数据传送控制信号(输入),低电平有效。

上述两个信号控制 DAC 寄存器是数据直通方式还是数据锁存方式,当 $\overline{WR2}$ = 0 和 $\overline{XFER}$ = 0 时,为 DAC 寄存器直通方式;当 $\overline{WR2}$ = 1 和 $\overline{XFER}$ = 0 时,为 DAC 寄存器锁存方式。

(7)Iout1:电流输出 1。

(8)Iout2:电流输出 2。

DAC 转换器的特性之一是:Iout1 + Iout2 = 常数。

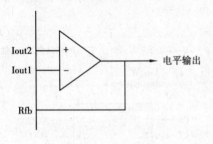

图 5.14　运算放大器接法

(9)Rfb:反馈电阻端。

DAC 0832 是电流输出,为了取得电压输出,需在电压输出端接运算放大器,Rfb 即为运算放大器的反馈电阻端。运算放大器的接法如图 5.14 所示。

(10) Vref:基准电压,其电压可正可负,范围是 − 10 V ~ + 10 V。

(11)DGND:数字地。

(12)AGND:模拟地。

3.单缓冲方式的接口与应用

1)单缓冲方式连接

所谓单缓冲方式就是使 DAC 0832 的两个输入寄存器中有一个处于直通方式,而另一个处于受控的锁存方式,或者说两个输入寄存器同时受控的方式。在实际应用中,如果只有一路模拟量输出,或虽有几路模拟量但并不要求同步输出时,就可采用单缓冲方式。

单缓冲方式的连接如图 5.15 所示。

图 5.15 中,$\overline{WR2}$ = 0 和 $\overline{XFER}$ = 0,因此 DAC 寄存器处于直通方式。而输入寄存器处于受控锁存方式,$\overline{WR1}$ 接 8051 的 $\overline{WR}$,ILE 接高电平,此外还应把 $\overline{CS}$ 接高位地址或译码输出,以便为输入寄存器确定地址。

其他如数据线连接及地址锁存等问题不再赘述。

2)单缓冲方式应用举例——产生锯齿波

在许多控制应用中,要求有一个线性增长的电压(锯齿来控制检测过程,移动记录笔或移动电子束等。对此可通过在 DAC0832 的输出端接运算放大器,由运算放大器产生锯齿波来实现,电路连接如图 5.15 所示。图中的 DAC8032 工作于单缓冲方式,其中输入寄存器受控,而 DAC 寄存器直通。

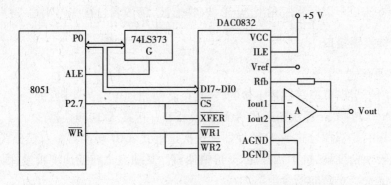

图 5.15 DAC 0832 单缓冲方式接口

假定输入寄存器地址为 7FFFH,产生锯齿波的源程序清单如下:

```
        ORG    0200H
DASAW:MOV    DPTR,#7FFFH;           输入寄存器地址,假定 P2.7 接CS
        MOV    A,#00H              ;转换初值
WW:     MOVX @DPTR,A               ;D/A 转换
        INC    A
        NOP    ;延时
        NOP
        NOP
        AJMP   WW
```

执行上述程序,在运算放大器的输出端就能得到如图 5.16 所示的锯齿波。

对锯齿波的产生作如下几点说明:

(1)程序每循环一次,A 加 1,因此实际上锯齿波的上升边是由 256 个小阶梯构成的,但由于阶梯很小,所以宏观上看就是如图 5.16 中所表示的线性增长锯齿波。

(2)可通过循环程序段的机器周期数计算出锯齿波的周期,并可根据需要,通过延时的办法来改变波形周期。当延迟时间较短时,可用 NOP 指令来实现(本程序就是如此);当需要延迟时间较长时,可以使用一个延时子程序。延迟时间不同,波形周期不同,锯齿波的斜率就不同。

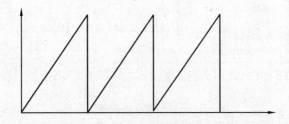

图 5.16 D/A 转换产生的锯齿波

(3)通过 A 加 1,可得到正向的锯齿波;如要得到负向的锯齿波,改为减 1 指令即可实现。

(4)程序中 A 的变化范围是 0～255,因此得到的锯齿波是满幅度的。如要求得到非满幅锯齿波,可通过计算求得数字量的初值和终值,然后在程序中通过置初值判终值的办法即可实现。

用同样的方法也可以产生三角波、矩形波、梯形波,请读者自行练习编写程序。

二、A/D 转换器接口

A/D 转换器概述

D 转换器用于实现模拟量→数字量的转换,按转换原理可分为 4 种,即:计数式 A/D 转换器、双积分式 A/D 转换器、逐次逼近式 A/D 转换器和并行式 A/D 转换器。

目前最常用的是双积分式 A/D 转换器和逐次逼近式 A/D 转换器。双积分式 A/D 转换器的主要优点是转换精度高,抗干扰性能好,价格便宜。其缺点是转换速度较慢,因此,这种转换器主要用于速度要求不高的场合。

另一种常用的 A/D 转换器是逐次逼近式的,逐次逼近式 A/D 转换器是一种速度较快,精度较高的转换器,其转换时间大约在几 μs 到几百 μs 之间。通常使用的逐次逼近式典型 A/D 转换器芯片有:

(1)ADC0801～ADC0805 型 8 位 MOS 型 A/D 转换器(美国国家半导体公司产品)。

(2)ADC0808/0809 型 8 位 MOS 型 A/D 转换器。

(3)ADC0816/0817。这类产品除输入通道数增加至 16 个以外,其他性能与 ADC0808/0809 型基本相同。

三、典型 A/D 转换器芯片 ADC0809

ADC0809 是典型的 8 位 8 通道逐次逼近式 A/D 转换器,CMOS 工艺。

1. ADC0809 的内部逻辑结构

ADC0809 内部逻辑结构如图 5.17 所示。

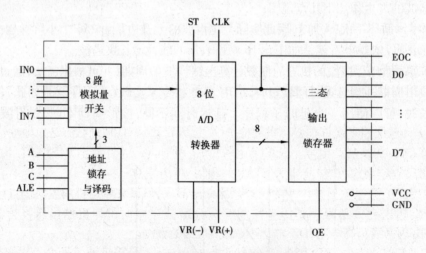

图 5.17　ADC0809 内部逻辑结构

图 5.17 中,多路开关可选通 8 个模拟通道,允许 8 路模拟量分时输入,共用一个 A/D 转换器进行转换。地址锁存与译码电路完成对 A、B、C 三个地址位进行锁存和译码,其译码输出用于通道选择,如表 5.3 所示。

表 5.3　ADC0809 通道选择

C	B	A	通道选择
0	0	0	IN0
0	0	1	IN1
0	1	0	IN2
0	1	1	IN3
1	0	0	IN4
1	0	1	IN5
1	1	0	IN6
1	1	1	IN7

　　8 位 A/D 转换器是逐次逼近式,由控制与时序电路、逐次逼近寄存器、树状开关以及 256R 电阻阶梯网络等组成。

　　输出锁存器用于存放和输出转换得到的数字量。

2. 信号引脚

　　ADC0809 芯片为 28 引脚双列直插式封装,其引脚排列如图 5.18 所示。

　　对 ADC0809 主要信号引脚的功能说明如下:

　　(1)IN7 ~ IN0:模拟量输入通道。ADC0809 对输入模拟量的要求主要有:信号单极性,电压范围 0 ~ 5 V,若信号过小还需进行放大。另外,在 A/D 转换过程中,模拟量输入的值不应变化太快,因此,对变化速度快的模拟量,在输入前应增加采样保持电路。

　　(2)A、B、C:地址线。A 为低位地址,C 为高位地址,用于对模拟通道进行选择。图 5.18 中为 ADDA、ADDB 和 ADDC,其地址状态与通道相对应的关系见表 5.3。

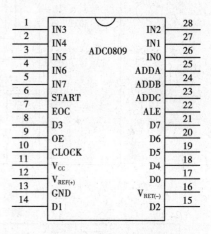

图 5.18　ADC0809 引脚排列图

　　(3)ALE:地址锁存允许信号。在对应 ALE 上跳沿时,A、B、C 地址状态送入地址锁存器中。

　　(4)START:转换启动信号。START 上跳沿时,所有内部寄存器清 0;START 下跳沿时,开始进行 A/D 转换;在 A/D 转换期间,START 应保持低电平。

　　(5)D7 ~ D0:数据输出线。其为三态缓冲输出形式,可以和单片机的数据线直接相连。

　　(6)$\overline{OE}$:输出允许信号。其用于控制三态输出锁存器向单片机输出转换得到的数据。$\overline{OE}$ = 0,输出数据线呈高电阻;$\overline{OE}$ = 1,输出转换得到的数据。

　　(7)CLK:时钟信号。ADC0809 的内部没有时钟电路,所需时钟信号由外界提供,因此有时钟信号引脚。通常使用频率为 500 kHz 的时钟信号。

　　(8)EOC:转换结束状态信号。EOC = 0,正在进行转换;EOC = 1,转换结束。该状态信号既可作为查询的状态标志,又可以作为中断请求信号使用。

(9) VCC：+5 V 电源。

(10) V_{REF}：参考电源。参考电压用来与输入的模拟信号进行比较,作为逐次逼近的基准。其典型值为 +5 V($V_{REF(+)}$ = +5 V, $V_{REF(-)}$ =0 V)

3. MCS—51 单片机与 ADC0809 接口

ADC0809 与 8031 单片机的一种连接如图 5.19 所示。

电路连接主要涉及两个问题,一是 8 路模拟信号通道选择,二是 A/D 转换完成后转换数据的传送。

1)8 路模拟通道选择

A、B、C 分别接地址锁存器提供的低三位地址,只要把三位地址写入 0809 中的地址锁存器,就实现了模拟通道选择。对系统来说,地址锁存器是一个输出口,为了把三位地址写入,还要提供口地址。图 5.19 中使用的是线选法,口地址由 P2.0 确定,同时和相或取反后作为开始转换的选通信号。因此,该 ADC0809 的通道地址确定如表 5.4 所示。

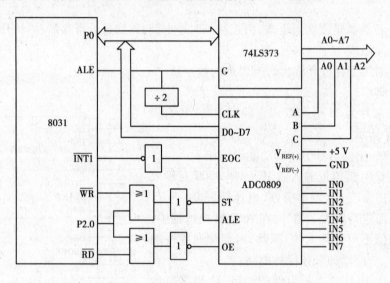

图 5.19 ADC0809 与 8031 单片机的连接

表 5.4 ADC0809 的通道地址表

8031	A15	A14	A13	A12	A11	A10	A9	A8	A7	A6	A5	A4	A3	A2	A1	A0
	×	×	×	×	×	×	×	ST	×	×	×	×	×	C	B	A
0809	×	×	×	×	×	×	×	1	×	×	×	×	×	0	0	0
	×	×	×	×	×	×	×	1	×	×	×	×	×	...	...	...
	×	×	×	×	×	×	×	1	×	×	×	×	×	1	1	1

若无关位都取 0,则 8 路通道 IN0 ~ IN7 的地址分别为 0000H ~ 0007H。

当然,口地址也可以由单片机其 PX 不用的口线,或者由几根口线经过译码后来提供,这样,8 路通道的地址也就有所不同。参考附录中的实训电路图,可以看出,口地址是由单片机的 P2.7、P2.6、P2.5 经过 3-8 译码器后的输出来提供的,因此,实训电路中 ADC0809 8 路通道的地址读者可自己确定。

从图 5.19 可以看到,把 ADC0809 的 ALE 信号与 START 信号连接在一起了,这样使得在 ALE 信号的前沿写入地址信号,紧接着在其后沿就启动转换。因此,启动图 5.19 中的 ADC0809 进行转换只需要下面的指令(以通道 0 为例):

```
MOV    DPTR,#0000H        ;选中通道 0
MOVX   @ DPTR,A           ;信号有效,启动转换
```

2)转换数据的传送

A/D 转换后得到的是数字量的数据,这些数据应传送给单片机进行处理。数据传送的关键问题是如何确认 A/D 转换完成,因为只有确认数据转换完成后,才能进行传送。为此,可采用下述 3 种方式。

(1)定时传送方式

对于一种 A/D 转换器来说,转换时间作为一项技术指标是已知的和固定的。例如,ADC0809 转换时间为 128 μs,相当于 6 MHz 的 MCS—51 单片机 R 64 个机器周期。可据此设计一个延时子程序,A/D 转换启动后即调用这个延时子程序,延迟时间一到,转换肯定已经完成了,接着就可进行数据传送。

(2)查询方式

A/D 转换芯片有表明转换完成的状态信号,例如 ADC0809 的 EOC 端。因此,可以用查询方式,软件测试 EOC 的状态,即可确知转换是否完成,然后进行数据传送。

(3)中断方式

把表明转换完成的状态信号(EOC)作为中断请求信号,以中断方式进行数据传送。

在图 5.19 中,EOC 信号经过反相器后送到单片机的/INT1,因此可以采用查询该引脚或中断的方式进行转换后数据的传送。

不管使用上述哪种方式,一旦确认转换完成,即可通过指令进行数据传送。

首先送出口地址,并以作选通信号,当信号有效时,OE 信号即有效,把转换数据送上数据总线,供单片机接收,即:

```
MOV    DPTR,#0000H        ;选中通道 0
MOVX   A , @ DPTR         ;信号有效,输出转换后的数据到 A 累加器
```

4. 应用举例

根据上述图 5.19,设计一个 8 路模拟量输入的巡回检测系统,采样数据依次存放在片内 RAM 78H ~ 7FH 单元中,其数据采样的初始化程序和中断服务程序如下。

初始化程序:

```
          ORG    0000H              ;主程序入口地址
          AJMP   MAIN               ;跳转主程序
          ORG    0013H              ;中断入口地址
          AJMP   INT1               ;跳转中断服务程序
                 主程序
MAIN:     MOV    R0,#78H             ;数据暂存区首地址
          MOV    R2,#08H             ;8 路计数初值
          SETB   IT1                ;边沿触发
          SETB   EA                 ;开中断
```

```
        SETB    EX1                    ;允许中断
        MOV     DPTR,#0000H            ;指向0809 IN0通道地址
        MOV     A,#00H                 ;此指令可省,A可为任意值
LOOP：  MOVX    @DPTR,A                ;启动A/D转换
HERE：  SJMP    HERE                   ;等待中断
        DJNZ    R2,LOOP                ;巡回未完继续中断服务程序:
INT1：  MOVX    A,@DPTR                ;读A/D转换结果
        MOV     @R0,A                  ;存数
        INC     DPTR                   ;更新通道
        INC     R0                     ;更新暂存单元
        RETI                           ;返回
```

上述程序是用中断方式来完成转换后数据的传送的,也可以用查询的方式实现之,源程序如下:

```
        ORG     0000H   0              ;主程序入口地址
        AJMP    MAIN    0              ;跳转主程序
        ORG     1000H
MAIN：  MOV     R0, #78H
        MOV     R2, #08H
        MOV     DPTR, #0000H
        MOV     A, #00H
L0：    MOVX    @DPTR, A
L1：    JB      P3.3 , L10             ;查询P3.3是否为0
        MOVX    A, @DPTR               ;为0,则转换结束,读出数据
        MOV     @R0, A
        INC     R0
        INC     DPTR
        DJNZ    R2, L0
        $ :SJMP   $
```

本情境学完后,读者可根据需要选择下面的实训项目以加强练习。

任务巩固

1. 什么叫A/D转换? 为什么要进行A/D转换?

2. A/D转换器有哪些主要指标性能指标? 叙述其含义。

3. 在图5.15和图5.19中指令MOVX @DPTR,A有何作用,A中的内容有用吗?

4. 试用DAC0832完成一频率为1 kHz的三角波发生电路,给出硬件电路和控制程序。

实训 1　LED 显示的应用

利用实训电路开发板,编程使四位数码动态显示 1、2、3、4 数字。参考程序如下:

```
            LED1    EQU    08H
            LED2    EQU    09H
            LED3    EQU    0AH
            LED4    EQU    0BH
            ORG     0000H
            LJMP    START              ;转入主程序
            ORG     0100H
START:
            MOV     SP,#60H
            MOV     DPTR,#TABLE
            MOV     R0,#00H
            MOV     R1,#00H
MAIN:       MOV     LED1,#1
            MOV     LED2,#2
            MOV     LED3,#3
            MOV     LED4,#4
SCAN:       INC     R0
            CJNE    R0,#100,SCAN_1
            MOV     R0,#00H
            MOV     A,LED1
            MOV     B,A
            MOV     A,LED2
            MOV     LED1,A
            MOV     A,LED3
            MOV     LED2,A
            MOV     A,LED4
            MOV     LED3,A
            MOV     A,B
            MOV     LED4,A
SCAN_1:     MOV     A,LED1
            MOVC    A,@A+DPTR
            MOV     P0,A
```

```
                CLR     P2.7
                LCALL   DELAY1MS
                SETB    P2.7
                MOV     A,LED2
                MOVC    A,@A+DPTR
                MOV     P0,A
                CLR     P2.6
                LCALL   DELAY1MS
                SETB    P2.6
                MOV     A,LED3
                MOVC    A,@A+DPTR
                MOV     P0,A
                CLR     P2.5
                LCALL   DELAY1MS
                SETB    P2.5
                MOV     A,LED4
                MOVC    A,@A+DPTR
                MOV     P0,A
                CLR     P2.4
                LCALL   DELAY1MS
                SETB    P2.4
                LJMP    SCAN
DELAY1MS:       MOV     R4,#2
DELAY10MSA:     MOV     R5,#247
                DJNZ    R5,$
                DJNZ    R4,DELAY10MSA
                RET
TABLE:          DB      00101000B   ;0
                DB      11101011B   ;1
                DB      00110010B   ;2
                DB      10100010B   ;3
                DB      11100001B   ;4
                DB      10100100B   ;5
                DB      00100100B   ;6
                DB      11101010B   ;7
                DB      00100000B   ;8
                DB      10100000B   ;9
```

```
DB      01100000B    ;A
DB      00100101B    ;b
DB      00111100B    ;C
DB      00100011B    ;d
DB      00110100B    ;E
DB      01110100B    ;F
DB      11110111B    ;-
DB      11111111B    ;
END
```

实训 2 简易秒表的制作

1. 实训目的

(1)利用单片机定时器中断和定时器计数方式实现秒、分定时。

(2)通过 LED 显示程序的调整,8051(8951)与 LED 的接口技术,熟悉 LED 动态显示的控制过程。

(3)通过键盘程序的调整,熟悉 8951 与按键式键盘的接口技术,熟悉键盘扫描原理。

(4)通过阅读和调试简易秒表整体程序,学会如何编制含 LED 动态显示、键盘扫描和定时器中断等多种功能的综合程序,初步体会大型程序的编制和调试技巧。

2. 实训设备与器件

(1)实训设备:单片机开发系统、微机。

(2)实训器件:实训电路板 1 套。

3. 实训步骤与要求

(1)要求:利用实训电路板,以 6 位 LED 右边 2 位显示秒,左边 4 位显示 0,实现秒表计时显示;键盘的 K1(P3.2)、K2(P3.3)、K3(P3.4)等 3 键分别实现启动、停止、清零等功能。

(2)方法:用单片机定时器 0 中断方式,实现 1 s 定时;利用单片机定时器 1 方式 2 计数,实现 60 s 计数。用动态显示方式实现秒表计时显示,用键盘扫描方式取得 KE0、KE1、KE2 的键值,用键盘处理程序实现秒表的启动、停止、清零等功能。

(3)实验线路分析:采用实训电路板,LED 显示方式为动态显示方式。

(4)软件设计:软件整体设计思路是以键盘扫描和键盘处理作为主程序,LED 动态显示作为子程序。二者间的联系是:主程序查询有无按键,无按键时,调用一次 LED 动态显示。

(5)程序编制:编程时置 K1 键为"启动",置 K2 键为"停止",置 K3 键为"清零"。因按键较少,在处理按键值时未采用散转指令"JMP",而是采用条件转移指令"CJNE"。每条指令后紧跟着一条无条件跳转指令"AJMP",转至相应的按键处理程序,如不是上述 3 个按键值则跳回按键查询状态。6 位 LED 显示的数据顺序是从左至右。动态显示时,每位显示持续时间为 1 ms,1 ms 延时由软件实现。图 5.20 为流程图。

按照上述思路可编制源程序如下：

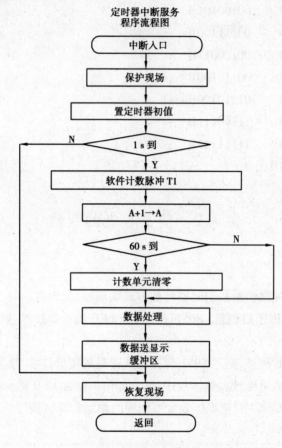

图 5.20　简易秒表软件流程图

LED1	EQU	021H	
LED2	EQU	022H	
LED3	EQU	023H	
LED4	EQU	024H	
JS1	EQU	025H	;25ms(0~99)
JS2	EQU	026H	;1s (0~39)
TimeS	EQU	027H	;(0~59)s
TimeM	EQU	028H	;(0~59)min
TimeH	EQU	029H	;(0~23)h
LedT0	EQU	030H	

```
    ORG   0000H
    LJMP  START ;转入主程序
    ORG   000BH ;定时器 0 中断入
INT_TO:PUSH  ACC
    PUSH  PSW
```

```
; = = = = = = = = = = = = = = = = = = = = = = = = = = = = = 时钟
    MOV   A,JS1
    CJNE  A,#100,INT_TIME
    MOV   JS1,#00
    INC   JS2
    MOV   A,JS2
      CJNE   A,#40,INT_TIME
      MOV    JS2,#00
; = = = = = = = = = = = = = = = = = = = = = = = = = = = = = = = = = =
;(11.0592MHz 补偿)提高精度
;(250.6510417 - 250) * 4000/250 = 10.4166672
      MOV   JS1,#10
; = = = = = = = = = = = = = = = = = = = = = = = = = = = = = = = = = =
;秒数加 1
INC TimeS:MOV   A,TimeS
CJNE   A,#60,INT_TIME
MOV   TimeS,#00
;分钟加 1
INC TimeM:MOV   A,TimeM
CJNE   A,#60,INT_TIME
MOV   TimeM,#00
小时加 1
INC TimeH:MOV   A,TimeH
CJNE   A,#24,INT_TIME
MOV   TimeH,#00
INT_TIME:
MOV   A,TimeH
CALL  HEXtoBCD
MOV   LED1,A
MOV   LED2,B
MOV   A,TimeM
CALL  HEXtoBCD
MOV   LED3,A
MOV   LED4,B


; = = = = = = = = = = = = = = = = = = = = = = = = = = = = = = =显示
```

```
        MOV   A,#11110000B    ;关数码管
        ORL   P2,A
        MOV   A,LedT0
        CJNE  A,#0,INT_T0_1
        MOV   A,LED1
        MOVC  A,@A+DPTR
        MOV   P0,A
        CLR   P2.7
        MOV   LedT0,#1
        LJMP  INT_T0_END
INT_T0_1:MOV   A,LedT0
        CJNE  A,#1,INT_T0_2
        MOV   A,LED2
        MOVC  A,@A+DPTR
        MOV   P0,A
        CLR   P2.6
        MOV   LedT0,#2;点小数点
        MOV   C,TimeS.0
        MOV   P0.5,C
        LJMP  INT_T0_END
INT_T0_2:

        MOV   A,LedT0
        CJNE  A,#2,INT_T0_3
        MOV   A,LED3
        MOVC  A,@A+DPTR
        MOV   P0,A
        CLR   P2.5
        MOV   LedT0,#3
        LJMP  INT_T0_END
INT_T0_3:MOV   A,LED4
        MOVC  A,@A+DPTR
        MOV   P0,A
        CLR   P2.4
        MOV   LedT0,#0
        LJMP  INT_T0_END
```

```
INT_T0_END:POP   PSW
    POP   ACC

RETI

;========十六进制转换为十进制,A 高位,B 低位
HEXtoBCD:mov   b,#0ah        ; HEX > BCD
    div    ab
    anl    a,#00001111b
    anl    b,#00001111b
RET
START:MOV   SP,#60H

    CLR    A
    MOV   JS1,A
    MOV   JS2,A
    MOV   TimeH,A
    MOV   TimeS,A
    MOV   TimeM,A
    MOV   TMOD,#02H          ;设定 T0 为工作方式 2,八位自动重载。
    MOV   TH0,#025           ;
    MOV   TL0,#025           ;256-(250*11.0592/12)=256-230.4=25.6
                              250μs(11.0592)
                             ;用 25 时,中断时间为 250.6510417μs;
    SETB   TR0               ;开定时器 0
    SETB   ET0               ;开定时 0 中断
    CLR    TF0               ;清定时 0 中断标志
    SETB   EA                ;开总中断
    MOV   LedT0,#00H
    MOV   DPTR,#TABLE

MAIN:MOV   A,#00000011B
    ORL    A,P3
    CPL    A
    JZ     MAIN
    LCALL DELAY10MS          ;去抖动
    MOV   A,#00000011B
```

```
        ORL    A,P3
        CPL    A
        JZ     MAIN
        JB     ACC.2,KEY_SW1
        JB     ACC.3,KEY_SW2
        JB     ACC.4,KEY_SW3
        JB     ACC.5,KEY_SW4
        LJMP   MAIN
```

```
;============时间设定,分钟减1
KEY_SW1:CLR   C
        MOV    A,TimeM
        SUBB   A,#1
        MOV    TimeM,A
        JNC    KEY_SW1_END
        ;借位,表示已经减到小于0
        MOV    TimeM,#59
KEY_SW1_END:
        AJMP   KEY_END
```

```
;============时间设定,分钟加1
KEY_SW2:INC    TimeM
        MOV    A,TimeM
        CJNE   A,#60,KEY_SW2_END
        MOV    TimeM,#00
KEY_SW2_END:
        AJMP   KEY_END
```

```
;============时间设定,小时减1
KEY_SW3:CLR   C
        MOV    A,TimeH
        SUBB   A,#1
        MOV    TimeH,A
        JNC    KEY_SW3_END
        ;借位,表示已经减到小于0
        MOV    TimeH,#23
KEY_SW3_END:
```

```
    AJMP  KEY_END


; = = = = = = = = = = = = = = = 时间设定,小时加1
KEY_SW4:INC   TimeH
    MOV   A,TimeH
    CJNE  A,#24,KEY_SW4_END
    MOV   TimeH,#00
    KEY_SW4_END:
    AJMP  KEY_END
;按键放开处理
KEY_END:MOV   A,#00000011B
    ORL   A,P3
    CPL   A
    JNZKEY_END
    LJMP  MAIN
DELAY10MS: MOV R4,#20
DELAY10MSA:
    MOV   R5,#247
    DJNZ  R5,$
    DJNZ  R4,DELAY10MSA
RET
TABLE:
    DB    00101000B   ;0
    DB    11101011B   ;1
    DB    00110010B   ;2
    DB    10100010B   ;3
    DB    11100001B   ;4
    DB    10100100B   ;5
    DB    00100100B   ;6
    DB    11101010B   ;7
    DB    00100000B   ;8
    DB    10100000B   ;9
    DB    01100000B   ;A
    DB    00100101B   ;b
    DB    00111100B   ;C
    DB    00100011B   ;d
    DB    00110100B   ;E
```

```
DB    01110100B   ;F
DB    11110111B   ;-
DB    11111111B   ;
```

实训 3　掌握 A/D 转换与单片机的接口方法

了解 A/D 芯片 0809 转换性能及编程方法。

通过实验了解单片机如何进行数据采集。

1. 实训内容

利用实验仪上的 0809 做 A/D 转换实验,【ZH】实验仪上的 W1 电位器提供模拟量输入。编制程序,将模拟量转换成模拟量,通过发光二极管 L1-L8 显示。

2. 实训说明

A/D 转换器大致分有三类:一是双积分 A/D 转换器,优点是精度高,抗干扰性好,价格便宜,但速度慢;二是逐次逼近式 A/D 转换器,精度、速度、价格适中;三是并行 A/D 转换器,速度快,价格也昂贵。

实验用 ADC0809 属第二类,是 8 位 A/D 转换器。每采集一次一般需 100 μs。由于 ADC0809 A/D 转换器转换结束后会自动产生 EOC 信号(高电平有效),取反后将其与 8031 的 INT0 相连,可以用中断方式读取 A/D 转换结果。

3. 实训步骤

①把 A/D 区 0809 的 0 通道 IN0 用插针接至 W1 的中心抽头 V01 插孔(0 ~ 5 V)。

②0809 的 CLK 插孔与分频输出端 T4 相连。

③将 W2 的输入 VIN 接 + 12 V 插孔, + 12 V 插孔再连到外置电源的 + 12 V 上(电源内置时,该线已连好)。调节 W2,使 V_{REF} 端为 + 5 V。

④将 A/D 区的 V_{REF} 连到 W2 的输出 V_{REF} 端。

⑤EXIC1 上插上 74LS02 芯片,将有关线路按图连好。

⑥将 A/D 区 D0-D7 用排线与 BUS1 区 XD0-XD7 相连。

⑦将 BUS3 区 P3.0 用连到数码管显示区 DATA 插孔。

⑧将 BUS3 区 P3.1 用连到数码管显示区 CLK 插孔。

⑨单脉冲发生/SP 插孔连到数码管显示区 CLR 插孔。

⑩仿真实验系统在"P…"状态下。

⑪以连续方式从起始地址 06D0 运行程序,在数码管上显示当前采集的电压值转换后的数字量,调节 W1 数码管显示将随着电压变化而相应变化,典型值为 0-00H, 2.5 V-80H, 5 V-FFH。

4. 参考程序

```
ORG   06D0H
START：MOV   A,#00H
```

```
              MOV    DPTR,#9000H
              MOVX   @DPTR,A
              MOV    A,#00H
                 MOV    SBUF,A
                 MOV    SBUF,A
              MOVX   A,@DPTR
DISP：        MOV    R0,A
              ANL    A,#0FH
LP：          MOV    DPTR,#TAB
              MOVC   A,@A+DPTR
              MOV    SBUF,A
              MOV    R7,#0FH
H55S：        DJNZ   R7,H55S
              MOV    A,R0
              SWAP   A
              ANL    A,#0FH
              MOVC   A,@A+DPTR
              MOV    SBUF,A
              MOV    R7,#0FH
H55S1：       DJNZ   R7,H55S1
              LCALL  DELAY
              AJMP   START
TAB：         DB 0fch,60h,0dah,0f2h,66h,0b6h,0beh,0e0h
              DB 0feh,0f6h,0eeh,3eh,9ch,7ah,9eh,8eh
DELAY：       MOV    R6,#0FFh
DELY2：       MOV    R7,#0FFh
DELY1：       DJNZ   R7,DELY1
              DJNZ   R6,DELY2
              RET
END
```

学习情境 **6**
课程设计

任务　MCS—51 单片机应用系统设计方法

任务描述

> 知识点及目标:单片机是一个较复杂的应用系统,我们要利用学过的知识来组成一个单片机应用系统,本学习情境主要是关于单片机应用系统的设计与开发,只需要学生掌握开发流程即可,在教学中要根据学生的特点及生产企业的实际需要来选取适当的内容,以在电气控制中的应用为导向。主要通过课程设计来完成本书内容总体应用。

任务分析

在本任务中,我们要根据不同时期,学生的变化和企业的变化来确定课程设计的任务,与应用紧密结合,并由企业开发人员来参与指导设计。

相关知识

一、单片机应用系统开发的一般方法

1.确定任务

单片机应用系统的开发过程是以确定系统的功能和技术指标开始的。首先要细致分析、研究实际问题,明确各项任务与要求,综合考虑系统的先进性、可靠性、可维护性以及成本、经济效益,拟订出合理可行的技术性能指标。

2. 总体设计

在对应用系统进行总体设计时,应根据应用系统提出的各项技术性能指标,拟订出性价比最高的一套方案。首先,应根据任务的繁杂程度和技术指标要求选择机型。选定机型后,再选择系统中要用到的其他外围元器件,如传感器、执行器件等。

在总体方案设计过程中,对软件和硬件进行分工是一个首要的环节。原则上,能够由软件来完成的任务就尽可能用软件来实现,以降低硬件成本,简化硬件结构。同时,还要求大致规定各接口电路的地址、软件的结构和功能、上下位机的通信协议、程序的驻留区域及工作缓冲区等。总体方案一旦确定,系统的大致规模及软件的基本框架就确定了。

3. 硬件设计

硬件设计是指应用系统的电路设计,包括主机、控制电路、存储器、I/O 接口、A/D 和 D/A 转换电路等。硬件设计时,应考虑留有充分余量,电路设计力求正确无误,因为在系统调试中不易修改硬件结构。下面讨论 MCS—51 单片机应用系统硬件电路设计时应注意的几个问题。

1)程序存储器

一般可选用容量较大的 EPROM 芯片,如 2764(8 KB)、27128(16 KB)或 27256(32 KB)等。尽量避免用小容量的芯片组合扩充成大容量的存储器。程序存储器容量大些,则编程空间宽裕些,价格相差也不会太多。

2)数据存储器和 I/O 接口

根据系统功能的要求,如果需要扩展外部 RAM 或 I/O 口,那么 RAM 芯片可选用 6116(2 KB)、6264(8 KB)或 62256(32 KB),原则上应尽量减少芯片数量,使译码电路简单。I/O 接口芯片一般选用 8155(带有 256 KB 静态 RAM)或 8255。这类芯片具有口线多、硬件逻辑简单等特点。若口线要求很少,且仅需要简单的输入或输出功能,则可用不可编程的 TTL 电路或 CMOS 电路。

A/D 和 D/A 电路芯片主要根据精度、速度和价格等来选用,同时还要考虑与系统的连接是否方便。

3)地址译码电路

通常采用全译码、部分译码或线选法,应考虑充分利用存储空间和简化硬件逻辑等方面的问题。MCS—51 系统有充分的存储空间,包括 64 KB 程序存储器和 64 KB 数据存储器,所以在一般的控制应用系统中,主要是考虑简化硬件逻辑。当存储器和 I/O 芯片较多时,可选用专用译码器 74S138 或 74LS139 等。

4)总线驱动能力

MCS—51 系列单片机的外部扩展功能很强,但 4 个 8 位并行口的负载能力是有限的。P0 口能驱动 8 个 TTL 电路,P1 ~ P3 口只能驱动 3 个 TTL 电路。在实际应用中,这些端口的负载不应超过总负载能力的 70%,以保证留有一定的余量。如果满载,会降低系统的抗干扰。在外接负载较多的情况下,如果负载是 MOS 芯片,因负载消耗电流很小,所以影响不大。如果驱动较多的 TTL 电路,则应采用总线驱动电路,以提高端口的驱动能力和系统的抗干扰能力。

数据总线宜采用双向 8 路三态缓冲器 74LS245 作为总线驱动器,地址和控制总线可采用单向 8 路三态缓冲区 74LS244 作为单向总线驱动器。

5）系统速度匹配

MCS—51 系列单片机时钟频率可在 2 ~ 12 MHz 之间任选。在不影响系统技术性能的前提下,时钟频率选择低一些为好,这样可降低系统中对元器件工作速度的要求,从而提高系统的可靠性。

6）抗干扰措施

单片机应用系统的工作环境往往都是具有多种干扰源的现场,抗干扰措施在硬件电路设计中显得尤为重要。

根据干扰源引入的途径,抗干扰措施可以从以下两个方面考虑。

（1）电源供电系统

为了克服电网以及来自系统内部其他部件的干扰,可采用隔离变压器、交流稳压、线滤波器、稳压电路各级滤波等防干扰措施。

（2）电路上的考虑

为了进一步提高系统的可靠性,在硬件电路设计时,应采取一系列防干扰措施:

①大规模 IC 芯片电源供电端 VCC 都应加高频滤波电容,根据负载电流的情况,在各级供电节点还应加足够容量的退耦电容;

②开关量 I/O 通道与外界的隔离可采用光电耦合器件,特别是与继电器、可控硅等连接的通道,一定要采用隔离措施;

③可采用 CMOS 器件提高工作电压(+15 V),这样干扰门限也相应提高;

④传感器后级的变送器尽量采用电流型传输方式,因电流型比电压型抗干扰能力强;

⑤电路应有合理的布线及接地方式;

⑥与环境干扰的隔离可采用屏蔽措施。

4. 软件设计

单片机应用系统的软件设计是研制过程中任务最繁重的一项工作,难度也比较大。对于某些较复杂的应用系统,不仅要使用汇编语言来编程,有时还要使用高级语言。

单片机应用系统的软件主要包括两大部分:用于管理单片机微机系统工作的监控程序和用于执行实际具体任务的功能程序。对于前者,应尽可能利用现成微机系统的监控程序。为了适应各种应用的需要,现代的单片机开发系统的监控软件功能相当强,并附有丰富的实用子程序,可供用户直接调用,例如键盘管理程序、显示程序等。因此,在设计系统硬件逻辑和确定应用系统的操作方式时,就应充分考虑这一点。

这样可大大减少软件设计的工作量,提高编程效率。后者要根据应用系统的功能要求来编程序。例如,外部数据采集、控制算法的实现、外设驱动、故障处理及报警程序等。

单片机应用系统的软件设计千差万别,不存在统一模式。开发一个软件的明智方法是尽可能采用模块化结构。根据系统软件的总体构思,按照先粗后细的方法,把整个系统软件划分成多个功能独立、大小适当的模块。应明确规定各模块的功能,尽量使每个模块功能单一,各模块间的接口信息简单、完备,接口关系统一,尽可能使各模块间的联系减少到最低限度。这样,各个模块可以分别独立设计、编制和调试,最后再将各个程序模块连接成一个完整的程序进行总调试。

5. 系统调试

系统调试包括硬件调试和软件调试。硬件调试的任务是排除系统的硬件电路故障,包括设计性错误和工艺性故障。软件调试是利用开发工具进行在线仿真调试,除发现和解决程序错误外,也可以发现硬件故障。

程序调试一般是一个模块一个模块地进行,一个子程序一个子程序地调试,最后连起来统调。利用开发工具的单步和断点运行方式,通过检查应用系统的 CPU 现场、RAM 和 SFR 的内容以及 I/O 口的状态,来检查程序的执行结果和系统 I/O 设备的状态变化是否正常,从中发现程序的逻辑错误、转移地址错误以及随机的录入错误等。

也可以发现硬件设计与工艺错误和软件算法错误。在调试过程中,要不断调整、修改系统的硬件和软件,直到其正确为止。联机调试运行正常后,将软件固化到 EPROM 中,脱机运行,并到生产现场投入实际工作,检验其可靠性和抗干扰能力,直到完全满足要求,系统才算研制成功。

二、瓦斯报警器的设计

1. 常用传感器的介绍

甲烷是工业和民用上应用十分广泛的气体,甲烷与空气混合体积比达到 5% ~ 15% 时,遇到 650 ℃ 左右的热源时就会爆炸。煤矿瓦斯主要成分是甲烷,瓦斯灾害也是严重威胁煤矿井下安全生产的五大自然灾害之一,矿井瓦斯突出或瓦斯爆炸等灾害,直接威胁到煤矿井下生命财产安全。检测甲烷在空气中的浓度,可以很大程度预防瓦斯灾害事故的发生。目前,我国煤矿应用较普遍的瓦斯检测仪包括光干涉原理甲烷检测仪、催化燃烧式甲烷检测仪、热导原理甲烷检测仪,近几年红外吸收原理甲烷检测仪也开始在煤矿推广使用,气敏半导体式原理甲烷检测仪在家用燃气报警仪中应用较普遍。

1)催化燃烧式甲烷检测原理

催化燃烧式甲烷敏感元件是在铂丝线圈($\phi 0.025 ~ \phi 0.05$)上包以氧化铝和黏合剂形成球状,经烧结而成,其外表面敷有铂、钯等稀有金属的催化层,其结构如图 6.1 所示。

对铂丝通以电流,使检测元件保持高温(300 ~ 400 ℃),此时若与甲烷气体接触,甲烷就会在催化剂层上燃烧,燃烧使铂丝线圈温度升高,线圈电阻值就上升。测量铂丝电阻值变化的大小就可以知道可燃气体的浓度。

在实际应用中常采用惠斯顿电桥测量电路,如下图 6.2 所示。电桥中黑元件即是检测元件,白元件为补偿元件,白元件与黑元件相比只缺少催化剂层,也就是说白元件遇到可燃气体不能燃烧。当空气中有一定浓度的可燃气体时,检测元件由于燃烧而电阻值上升,电桥失去平衡,通过检测失衡电压,可计算出甲烷浓度。

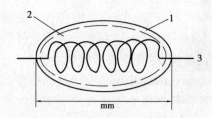

图 6.1 催化元件结构示意图

1—催化剂;2—氧化铝(载体);3—铂丝线圈

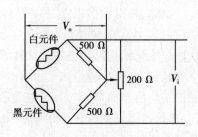

图 6.2 催化元件测试电路

催化燃烧式甲烷气体检测仪目前发展已经比较成熟,目前在我国煤矿瓦斯监控中大量应用。

2) 热导型甲烷检测原理

热导型甲烷检测仪的基本原理和结构大体与热催化型相似,其主要差别是:热导型甲烷检测仪的反应元件为热敏元件如热敏电阻、铂丝、钨丝等,当反应室中充以含有甲烷的空气时,由于甲烷比空气的热导率大 1.296 倍,因而能降低热敏元件的温度,并导致其电阻发生变化,从而破坏电桥的平衡。

3) 光干涉甲烷检测原理

由于光通过气体介质的折射率与气体的密度有关,测试光通过含甲烷的气体后的折射率,则可计算出甲烷气体的浓度。实际应用中,一般采用光干涉方法测量光通过含甲烷气体的折射率。如图 6.3 所示,由光源发出的光,先经过照明系统到达平面镜,并经其反射和折射形成两束光,分别通过标准气室和样品气室,再经直角棱镜折射和平面镜的反射后,两束光都进入反射棱镜反射给透镜组,在物镜的焦平面上产生干涉条纹。

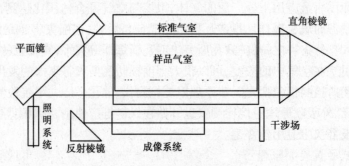

图 6.3　光干涉甲烷检测原理

当标准气室和样品气室同时充入空气时,两束光经过的光程相同,则干涉条纹不产生位移。当样品气室充入含有甲烷的气体时,因折射率改变,光程也随之改变,干涉条纹会发生位移,其移动量与甲烷浓度成正比,测量条纹移动量,便可得出空气中的甲烷浓度。

4) 红外吸收法甲烷气体检测原理

光谱吸收法是通过检测气体透射光强或反射光强的变化来检测气体浓度的方法,见图 6.4。

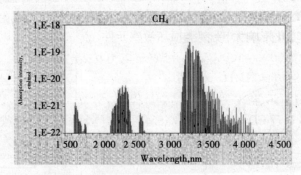

图 6.4　甲烷吸收谱图

每种气体分子都有自己的吸收(或辐射)谱特征,光源的发射谱与气体吸收谱重叠的部分,会被气体吸收,吸收程度与气体浓度的关系符合 Beer-Lambert 定律,通过检测光被气体吸收的程度,则可计算出气体的浓度。

当一束光强为 I_0 输入光的平行光通过混有甲烷气体的气室时,如果光源光谱覆盖甲烷气体吸收谱线,光通过甲烷气体时发生衰减,根据 Beer-Lambert 定律,输出光强 $I(\lambda)$ 与输入光强 $I_0(\lambda)$ 和气体浓度之间的关系为:

$$I(\lambda) = I_0(\lambda)\exp(-\alpha Lc)$$

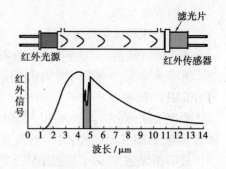

式中 α 是一定波长下单位浓度单位长度的介质吸收系数;L 是吸收路径的长度;C 是气体浓度,可得:

$$C = (-1/\alpha L) * \ln(I(\lambda)/I_0(\lambda))$$

图 6.5 红外气体测量原理示意图

上式表明,如果 L、α 与 λ 已知,通过检测 $I(\lambda)$ 和 $I_0(\lambda)$ 就可以测得甲烷气体的浓度。

5)氧化物半导体甲烷检测原理

氧化物半导体在加热到稳定状态的情况下,当有气体吸附时,吸附分子首先在表面自由地扩散。其间一部分分子蒸发,一部分分子就固定在吸附处。此时如果材料的功函数小于吸附分子的电子亲和力,则吸附分子将从材料夺取电子而变成负离子吸附;如果材料功函数大于吸附分子的离解能,吸附分子将向材料释放电子而成为正离子吸附。O_2 和 NOx(氮类氧化物)倾向于负离子吸附,称为氧化型气体。H_2、CO、碳氢化合物和酒类倾向于正离子吸附,称为还原型气体。氧化型气体吸附到 N 型半导体上,将使载流子减少,从而使材料的电阻率增大。还原型气体吸附到 N 型半导体上,将使载流子增多,材料电阻率下降。根据这一特性,就可以从阻值变化的情况得知吸附气体的种类和浓度,见图 6.5。

氧化物半导体甲烷传感器由于具有灵敏度高、响应速度快,生产成本低等优点,发展非常迅速,主要有氧化锡、氧化锌、氧化钛、氧化钴、氧化镁、γ-氧化铁等类型。

6)煤矿常用甲烷传感器的对比

热催化原理甲烷传感器

- 稳定性差、调校周期短、寿命短、精度一般。
- 受高浓度冲击会损坏敏感元件,遇 H_2S 等硫化物会"中毒"失效。
- 一般用于测量 0.00% ~ 4.00% V/V 甲烷气体,可在线监测。

热导原理甲烷传感器

- 稳定性差、调校周期短、寿命短、精度一般。
- 受温度及湿度变化影响大,受潮会损坏敏感元件。
- 一般用于测量 4.00% ~ 100% V/V 甲烷气体,可在线监测。
- 光干涉原理甲烷传感器。
- 稳定性好,不易损坏、价格便宜、可测全量程。
- 测量结果受 H_2O 及 CO_2 气体影响,需经常更换干燥剂及 CO_2 吸收剂。
- 不宜在线检测使用。

红外吸收原理甲烷传感器

- 性能稳定、精度高、寿命长、可测全量程。
- 经补偿设计,温度适应范围可达 $-20 \sim +60$ ℃。
- 不受 H_2O 及 H_2S、SO_2 等气体干扰、无"中毒"现象。

- 设计技术难度大,成本相对较高。
- 可在线监测。

氧化物半导体甲烷传感器

- 灵敏度极高,一般用于检测微量泄露。
- 分辨率低,一般用于定性检测,在家用燃气报警仪中应用较多。

2.设计思路

根据要求画出电路原理图所需硬件:单片机 AT89S51、8 位 A/D 转换器,电源、简易可燃气体传感器、按键、LED 数码显示器及发光二极管、喇叭及各种电阻若干。按上述原理图设计,制作成印刷线路板,调试好程序并下载到单片机,构成一个完整的应用系统。这一部分将由企业工作人员来指导。

由于保密的原因,这里不能把实际电路图画出来,只能提供原理图,见图6.6。

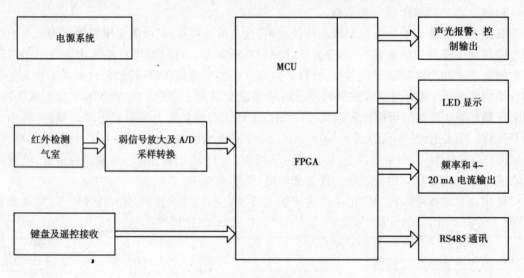

图 6.6　甲烷报警原理图

任务巩固

1. 单片机应用系统的设计有哪些要求?
2. 单片机应用系统的设计有哪些步骤?
3. 提高单片机应用系统的可靠性有哪些措施?

参考文献

［1］邹振春. MCS—51 系列单片机原理及接口技术［M］.北京:机械工业出版社,2006.

［2］杨欣. 51 单片机应用从零开始［M］.北京:清华大学出版社,2008.

［3］兰吉昌. 单片机 C51 完全学习手册［M］.北京:化学工业出版社,2009.

［4］刘华东. 单片机原理与应用［M］.北京:电子工业出版社,2006.

［5］肖婧. 单片机入门与趣味实验设计［M］. 北京:北京航空航天大学出版社,2007.

［6］张俊. 匠人手记［M］. 北京:北京航空航天大学出版社,2007.

教师信息反馈表

为了更好地为教师服务,提高教学质量,我社将为您的教学提供电子和网络支持。请您填好以下表格并经系主任签字盖章后寄回,我社将免费向您提供相关的电子教案、网络交流平台或网络化课程资源。

书名:		版次	
书号:			
所需要的教学资料:			
您的姓名:			
您所在的校(院)、系:		校(院) 系	
您所讲授的课程名称:			
学生人数:	_____人 _____年级	学时:	
您的联系地址:			
邮政编码:		联系电话	(家)
			(手机)
E-mail:(必填)			
您对本书的建议:		系主任签字 盖章	

请寄:重庆市沙坪坝正街 174 号重庆大学(A 区)
重庆大学出版社教材推广部

邮编:400030
电话:023-65112084
    023-65112085
网址:http://www.cqup.com.cn
E-mail:fxk@cqup.com.cn